Afef Meraï

Mourad Rekik

Interactions production laitière-reproduction chez la brebis laitière

Afef Meraï
Mourad Rekik

Interactions production laitière-reproduction chez la brebis laitière

Éditions universitaires européennes

Impressum / Mentions légales

Bibliografische Information der Deutschen Nationalbibliothek: Die Deutsche Nationalbibliothek verzeichnet diese Publikation in der Deutschen Nationalbibliografie; detaillierte bibliografische Daten sind im Internet über http://dnb.d-nb.de abrufbar.

Alle in diesem Buch genannten Marken und Produktnamen unterliegen warenzeichen-, marken- oder patentrechtlichem Schutz bzw. sind Warenzeichen oder eingetragene Warenzeichen der jeweiligen Inhaber. Die Wiedergabe von Marken, Produktnamen, Gebrauchsnamen, Handelsnamen, Warenbezeichnungen u.s.w. in diesem Werk berechtigt auch ohne besondere Kennzeichnung nicht zu der Annahme, dass solche Namen im Sinne der Warenzeichen- und Markenschutzgesetzgebung als frei zu betrachten wären und daher von jedermann benutzt werden dürften.

Information bibliographique publiée par la Deutsche Nationalbibliothek: La Deutsche Nationalbibliothek inscrit cette publication à la Deutsche Nationalbibliografie; des données bibliographiques détaillées sont disponibles sur internet à l'adresse http://dnb.d-nb.de.

Toutes marques et noms de produits mentionnés dans ce livre demeurent sous la protection des marques, des marques déposées et des brevets, et sont des marques ou des marques déposées de leurs détenteurs respectifs. L'utilisation des marques, noms de produits, noms communs, noms commerciaux, descriptions de produits, etc, même sans qu'ils soient mentionnés de façon particulière dans ce livre ne signifie en aucune façon que ces noms peuvent être utilisés sans restriction à l'égard de la législation pour la protection des marques et des marques déposées et pourraient donc être utilisés par quiconque.

Coverbild / Photo de couverture: www.ingimage.com

Verlag / Editeur:
Éditions universitaires européennes
ist ein Imprint der / est une marque déposée de
OmniScriptum GmbH & Co. KG
Heinrich-Böcking-Str. 6-8, 66121 Saarbrücken, Deutschland / Allemagne
Email: info@editions-ue.com

Herstellung: siehe letzte Seite /
Impression: voir la dernière page
ISBN: 978-3-8417-4527-9

Copyright / Droit d'auteur © 2015 OmniScriptum GmbH & Co. KG
Alle Rechte vorbehalten. / Tous droits réservés. Saarbrücken 2015

Table des matières

Résumé

L'objectif de ce travail est l'étude des interactions entre production laitière et reproduction chez la race ovine *Sicilo-Sarde*. Dans une étape préliminaire, l'étude des paramètres de production laitière, de reproduction et leurs sources de variations puis les interactions entre eux a été réalisée sur une base de données constituée de 6866 observations (dont 4334 lactations et 2532 relatives aux brebis vides) pour la production laitière et 2789 observations pour la fertilité. Ces observations sont issues de 7 troupeaux ovins laitiers de race *Sicilo-Sarde* appartenant à 3 grandes fermes situées au Nord de la Tunisie (Frétissa, Ghzéla et Gnadil) durant 5 campagnes successives de mise bas (2004/2005, 2005/2006, 2006/2007, 2007/2008 et 2008/2009). Les paramètres étudiés ont été d'une part, la production laitière totale (PLt), la production laitière journalière (PLj) et la durée de traite (DT) et, d'autre part, la fertilité, la taille de la portée et l'intervalle saillie-lutte ainsi que les interactions entre ces deux groupes de paramètres. La moyenne de production laitière totale pour la *Sicilo-Sarde* a été de l'ordre de 63,56 l (± 37,2) pour une durée de traite de 135,4 j soit une production laitière journalière de 0,45 l. L'analyse statistique a identifié plusieurs sources de variation des caractères laitiers des brebis *Sicilo-Sarde*. Il s'agit de : la ferme, le troupeau, le mois de mise bas, le numéro de lactation, la durée d'allaitement et l'année de mise bas. Par ailleurs, la fertilité globale moyenne, la taille moyenne de la portée et l'intervalle moyen saillie-lutte ont été respectivement de 63,14% (± 0,48), 1,34 et 18 j. Ainsi, l'étude des interactions qui pourraient exister entre production laitière et performances reproductives a révélé des effets hautement significatifs de la PLt au cours de la campagne i-1 sur la fertilité durant la campagne i avec une différence qui a atteint + 19,08 l de lait au cours de la campagne 2008/2009 en faveur des brebis vides par rapport aux brebis ayant mis bas (Pr<0,001). Toutefois, l'intensité de cet antagonisme a varié d'une campagne à une autre et n'existe pas entre la production laitière et l'intervalle lutte –saillie. Dans une seconde étape, la relation production laitière-reproduction a été investiguée expérimentalement. Suite au troisième contrôle laitier, toutes les brebis laitières *Sicilo- Sarde* présentes dans la ferme Frétissa au cours de la campagne 2009/2010, ont été classées en fonction de leur production laitière moyenne journalière corrigée et 67 brebis ont été choisies selon qu'elles soient des hautes productrices (n=23) ou moyennes productrices (n=44). Sur ces brebis, deux prélèvements de lait ont été réalisés fin avril - début mai pour un dosage de la progestérone. Le taux moyen de cyclicité des brebis au printemps a été de 28,12% et apparaît inversement proportionnel à la production laitière des brebis: 27,8% seulement des brebis hautes productrices ont été trouvées cycliques contre 72,2% pour les brebis à niveau moyen. Enfin, une insémination artificielle exo-cervicale suivie 30 j après par une échographie transrectale ont été réalisées pour étudier l'aptitude des brebis hautes et moyennes productrices à être fécondées. Le taux moyen de réussite de l'insémination artificielle a été de 54,16%. Il est intéressant de noter, bien que statistiquement non appuyé, que les brebis hautes productrices de lait ont un taux de fécondité plus faible (42,1%) par rapport aux brebis à niveau laitier moyen (62%). Ceci laisse l'hypothèse de l'antagonisme entre production laitière et aptitude reproductive chez la brebis ouverte à d'autres études.

Abstract

The objective of this work is to study interactions between milk production and reproduction in the milking *Sicilo-Sarde* ewe. In a preliminary step, milk production, reproductive traits, their sources of variation and interactions between them were assessed using a database consisting of 6866 observations (including 4334 for lactations and 2532 relative to barren ewes). These observations were recorded in seven dairy flocks of the *Sicilo-Sarde* breed belonging to three large farms in northern Tunisia (Frétissa, Ghzéla and Gnadil) during five successive productive years (2004/2005, 2005/2006, 2006/2007, 2007/2008 and 2008/2009). The parameters studied were total milk production (TMP), daily milk yield (DMP) and duration of milking period (MP) for milk traits; fertility, litter size and interval between the start of mating period and conception for reproductive traits as well as interactions between the two groups of traits. Average TMP was 63,56 l (± 37,2) for an MP of 135,4 days that is a DMP of 0,45 l. Statistical analysis has identified several sources of variation of milk production traits. These are: the farm, the flock, the month of lambing, the rank of lactation, the duration of the suckling period and the year of lambing. Moreover, average fertility, litter size and interval between the start of mating period and conception were 63,14% (± 0,48), 1,34 and 18 days respectively. Study of interactions that might exist between milk production and reproductive performance showed highly significant effects of TMP during the year i-1 on the fertility of the year i with a difference that reached + 19,08 liters of milk during the year 2008/2009 in favor of barren ewes compared to ewes that have lambed (Pr<0,001). However, the intensity of this antagonism varied from one year to another and was not found between milk production and interval between the start of mating period and conception. In a second step, the milk production-reproduction relationship was investigated experimentally. Following the third milking control, all *Sicilo-Sarde* ewes in Frétissa during the 2009/2010 productive year were ranked according to their corrected average daily milk merit and 67 ewes were selected according to whether they are high-merit (n = 23) or average-merit ewes (n = 44). For these sheep, two samples of milk were collected late April- early May for plasma progesterone determination. Proportion of cyclic ewes in spring was 28,12% and was inversely proportional to daily milk merit. Only 27,8% of high-merit ewes were found cyclic in comparison to 72,2% for average-merit ewes. Finally, an exo-cervical artificial insemination and a pregnancy diagnosis using transrectal ultrasound 30 days later, were performed. The objective was to investigate the ability of average and high-merit ewes to conceive following insemination. Average conception rate of artificial insemination was 54,16%. It is interesting, although not statistically supported, that high-merit ewes had a lower conception rate (42,1%) than average-merit counterparts (62%). All obtained results leave the hypothesis of antagonism between milk yield and reproductive fitness in milking ewes of the Sicilo-Sarde ewes open to other studies.

Introduction

Le secteur de l'élevage représente 40% de la production agricole mondiale et contribue aux moyens d'existence et à la sécurité alimentaire de près d'un milliard de personnes (FAO, 2009). Au sein de l'économie agricole, c'est l'un des segments qui connaît la croissance la plus rapide, alimentée par la hausse des revenus et des évolutions technologiques et structurelles. Dans de nombreux pays en développement, il est considéré comme activité multifonctionnelle : au-delà de son rôle de source de revenus et d'aliments, le bétail constitue un bien précieux, servant de réserve de richesse, de garantie pour le crédit et, en temps de crise, de filet de sécurité essentiel (FAO, 2009). La brebis, source de protéines animales (lait et viande), de fibres, de peaux et même de fumier, est et restera le transformateur le plus efficace des centaines de milliers d'hectares de végétation marginale de certains pays méditerranéens où l'élevage ovin fait partie intégrante des systèmes de production agricole traditionnels.

En Tunisie, ce type d'élevage est depuis toujours ancré dans la tradition pastorale. Où que l'on soit dans le pays, le mouton constitue une composante essentielle du paysage campagnard. En effet, il joue un rôle socio-économique important dans les régions rurales et participe également à la plupart des fêtes religieuses et familiales. C'est pourquoi, il n'a jamais cessé d'orner les zones fertiles et même arides. En 2009, il a été recensé 4 075 000 unités femelles (OEP, 2009) dont seulement 0,3% sont destinées à la production laitière. Dans ce contexte, plusieurs études ont été menées pour essayer de dévoiler les causes de cette faible production laitière et de proposer des solutions adéquates pour la relance du secteur ovin laitier représenté essentiellement par la race *Sicilo-Sarde*. Il en ressort que les causes sont multiples, pouvant être structurelles comme par exemple la restructuration des fermes agricoles étatiques ; action qui s'est accompagnée par une perte d'une partie importante du cheptel de cette race. D'autres facteurs sont plutôt conjoncturels ayant attrait à la variation du prix du lait ovin sur le marché et une mauvaise organisation au niveau de l'aval de la filière (circuits de collecte, unités de transformation, qualités et commercialisation des produits transformés…).

Bien évidemment et à l'échelle de l'exploitation, la productivité de la brebis *Sicilo-Sarde* reste très faible en comparaison à la productivité d'autres races ovines laitières dans certains bassins de la zone de la Méditerranée. Cette faible productivité est la conséquence d'un faible niveau génétique, une alimentation inadéquate, une couverture sanitaire insuffisante et pour certains élevages, des performances reproductives faibles qui sont illustrées par une fertilité basse et un échelonnement important des agnelages qui ne privilégie pas une conduite rationnelle du troupeau.

Bien que la relation d'antagonisme production laitière – reproduction ait été le thème de plusieurs recherches chez la vache laitière, la situation a été peu étudiée chez la brebis même dans les pays méditerranéens (France, Espagne, Italie, Grèce) où cette spéculation est traditionnelle et représente un grand intérêt économique.

Le présent travail se fixe comme objectif principal l'investigation de la relation qui pourrait exister entre la production laitière et les performances reproductives des brebis *Sicilo-Sarde*. A cet effet, trois approches seront mises en œuvre.

Dans une première partie, l'antagonisme entre les deux fonctions sera étudié à travers les bases de données existantes au niveau des services de contrôle des performances pour les fermes inscrites au contrôle laitier. Il s'agit de confirmer sur une base de données aussi exhaustive que possible un antagonisme entre le niveau de production laitière durant la campagne i et les performances de reproduction des brebis *Sicilo-Sarde* mises à la reproduction durant la campagne i+1. Un tel antagonisme a été rapporté dans une étude préliminaire (Mediouni, 2008).

Lors des deux dernières parties, l'antagonisme production laitière – reproduction chez la race *Sicilo-Sarde* sera investigué d'un point de vue physiologique au travers de :

(i) l'étude de la reprise de l'activité ovarienne cyclique au printemps selon le niveau de production laitière et ceci en faisant recours à des dosages de progestérone sur des prélèvements de lait et (ii) la fertilité sur insémination des brebis ayant des niveaux de production laitière différents.

Partie bibliographique

I. Présentation de la race *Sicilo-Sarde*

1.1. Caractéristiques et filiation génétique

La *Sicilo-Sarde* est une population très hétérogène résultant du croisement des races *Sarde* et *Comisana* (race sicilienne) pratiqué par les colons italiens en Tunisie au début du XXème siècle, afin de satisfaire leurs besoins de consommation en fromage (Khaldi et Farid, 1981; Djemali *et al.,* 1995). Depuis, et bien que ses potentialités de production laitière sont assez limitées, son aptitude à la traite a fait d'elle l'unique race ovine laitière tunisienne.

De taille moyenne variant entre 70 et 80 cm, elle atteint un poids adulte moyen de 45 kg pour les femelles et de 70 kg pour les mâles (Rekik et *al.,* 2005). La couleur de la robe, très variable, peut être blanche, noire ou tachetée : suite aux croisements avec l'écotype noir de la race *Sarde*, puis avec la race *Noire de Thibar* , la robe a acquiert différentes couleurs variant du blanc au noir. Ainsi, les animaux à robe totalement blanche ne représentent que 10,3% de l'effectif total (Photo 1). Les cornes sont petites et plus développées chez les mâles que chez les femelles. Les oreilles sont petites et horizontales et le chanfrein est droit (Rekik et *al.,* 2005).

Photo 1 : Une brebis *Sicilo-Sarde*.

1.2. Effectif et répartition géographique

La *Sicilo-Sarde* est concentrée dans deux régions de l'étage bioclimatique subhumide : Béja et Bizerte (Figure 1). Dans ces zones, la pluviométrie n'est pas un facteur limitant pour la production fourragère et le développement des prairies naturelles. De plus, il existe déjà une tradition de transformation du lait de brebis et de consommation du fromage.

(Unité : 100 têtes)

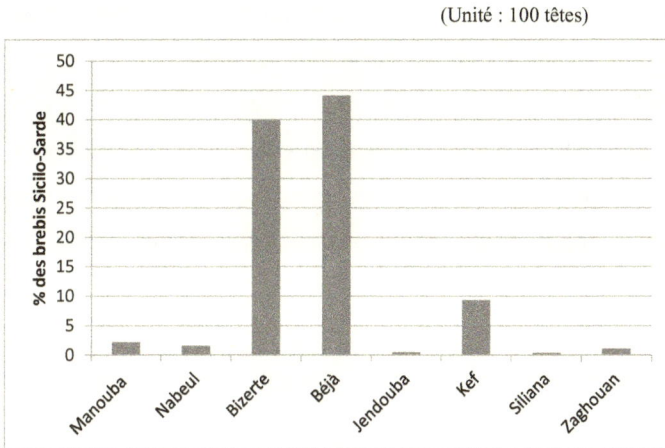

Figure 1: Répartition des brebis *Sicilo-Sarde* dans les gouvernorats du nord (Ministère de l'Agriculture et des Ressources Hydrauliques, 2005).

Le cheptel qui compte actuellement environ 14 000 unités femelles soit 0,3% de l'effectif total des ovins (OEP, 2009) est détenu essentiellement par les fermes du secteur organisé, à savoir les Unités Coopératives de Productions Agricoles (UCPA), les Agro-Combinats (AC) relevant de l'Office des Terres Domaniales (OTD), les Sociétés de Mise en Valeur et de Développement Agricole (SMVDA) et à un degré moindre par les éleveurs privés.

1.3. Ligne de conduite

La *Sicilo-Sarde* se caractérise par une conduite plutôt traditionnelle avec une exploitation de type mixte (lait et viande) caractérisée surtout par un faible niveau d'alimentation et un mode de sevrage tardif souvent au-delà de 60 jours. Les animaux

13

sont confrontés à deux types de système de production contrastés : le semi-intensif et l'extensif. Le premier est pratiqué pour les grands troupeaux (200 à 300 brebis) et c'est le cas des fermes privés et les coopératives, alors que le deuxième se limite aux troupeaux de petite taille contenant 10 à 20 têtes (Rekik et *al.*, 2005).

La tonte et le bain anti-galeux sont pratiqués vers fin mars-début avril avec une durée moyenne de 8 à 30 jours (Rouissi et *al.*, 2001). Une lutte libre se fait au printemps; c'est une lutte de contre saison pratiquée pour l'ensemble des ovins en Tunisie pour synchroniser la production de l'agneau et la traite avec la saison verte (Djemali et *al.*, 1995). Elle dure entre 2 et 3,5 mois (Rouissi et *al.*, 2001). Cependant, dans certains troupeaux de petites tailles, la lutte peut durer jusqu'à six mois, voire parfois toute l'année quand il est difficile de séparer le bélier (Djemali et *al.*, 1995).

Les agnelages s'étalent du mois d'août au mois de novembre avec un pic de mises-bas en septembre-octobre (Djemali et *al.*, 1995 ; Rouissi et *al.*, 2001).

L'alimentation est basée sur le pâturage (chaumes, orge, parcours), avec un recours fréquent aux foins, aux pailles et aux concentrés pendant les périodes de soudure (Rouissi et *al.*, 2008). D'autre part, la production est souvent pénalisée par une longue période d'allaitement (3 à 5 mois) et une courte période de traite. Contrairement, la race *Chios*, l'une des meilleures races laitières de la Méditerranée, se caractérise par l'absence d'allaitement, puisque le sevrage des agneaux peut se faire soit immédiatement après l'agnelage ou bien entre 35 et 42 jours postpartum sans aucun effet néfaste sur la croissance des agneaux (Louca, 1972; Lawlor et *al.,* 1974; Hadjipanayiotou et Louca, 1976). Il s'agit d'une race qui peut être conduite aussi bien en semi-intensif qu'en intensif (Tableau 1) et dont le système de production est indépendant de la disponibilité alimentaire.

Tableau 1: Lignes de conduite de deux races laitières : la *Sicilo-Sarde* en Tunisie et la *Chios* à *Chypre* (Mavrogenis et Papachristoforou, 2000 ; Rekik et *al.*, 2005)

	Dec	Jan	Fev	Mar	Avr	Mai	Jun	Jul	Aou	Sep	Oct	Nov
Lutte												
Gestation												
Agnelage												
Allaitement												
Sevrage												
Production laitière												
Tonte												
Bain anti-galeux												
Pâturage												
Alimentation à base de chaumes												
Aliments concentrés												
Foins et pailles de supplémentation												

◄—► Sicilo-Sarde
◄══► Chios

15

II. Performances de reproduction

La réussite de la reproduction est primordiale pour la rentabilité de l'élevage, elle constitue un préalable indispensable à toute production. L'aptitude à la reproduction d'un animal au cours d'une carrière dépend essentiellement de sa fertilité et de sa prolificité.

2.1. Caractéristiques reproductives de la brebis

2.1.1. Saisonnalité de l'activité sexuelle

La brebis est considérée comme étant une polyœstrienne saisonnière en montrant une succession de cycles sexuels de 17 jours pendant une période s'étalant d'août à février où les jours sont courts (Dyrmundsson, 1978). Cette phase, correspondant à la saison sexuelle, varie considérablement en fonction de la race, de l'alimentation, de la région, etc (Thibault et Levasseur, 2001). Pendant l'autre partie de l'année, de mars à juillet, la brebis ne montre pas d'œstrus et reste dans une période de repos sexuel (période de jours longs) correspondant à la période d'anœstrus saisonnier (Craplet et Thibier, 1980). En effet au cours de celui ci, on assiste à une diminution ou à une suppression de l'activité oestrale et de l'activité ovarienne (Gallegos et al., 1998).

Il existe toutefois chez les ovins, des variations saisonnières sexuelles aussi bien chez les femelles que les mâles. Ainsi, pour les races originaires des latitudes moyennes et élevées, une période de saison sexuelle débute en été et se termine en hiver, alors qu'une période d'anoestrus ou de moindre activité sexuelle, lorsque moins de 50% voire la totalité des femelles n'ont plus d'oestrus réguliers ou d'activité ovulatoire cyclique, s'étale de la fin de l'hiver jusqu'au début de l'été (Thibault et Levasseur, 2001). C'est le cas de la race *Ile de France* dont les performances sont généralement en baisse à partir des mois de janvier et de février et reviennent à des taux plus intéressants à partir d'août et de septembre (Figure 2).

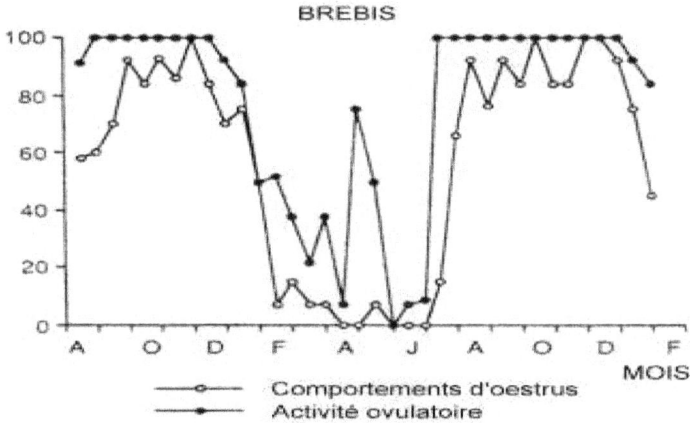

Figure 2 : Variations saisonnières de l'activité sexuelle chez les brebis *Île-de-France* (Chemineau *et al.*, 1992a).

Dans les zones intertropicales et subtropicales, les races locales sont capables de se reproduire toute l'année avec cependant des périodes préférentielles de reproduction, mises en évidence par une répartition non uniforme des mises-bas (Quirke et *al.*, 1988). En Tunisie, une expérience étudiant les variations saisonnières de l'activité sexuelle des femelles ovines de race *Sicilo-Sarde* a révélé que l'activité ovulatoire et oestrienne s'étale en général sur tous les mois de l'année avec toutefois un maximum pendant les mois d'automne et d'hiver (Figure 3). Les mois de moindre activité sont les mois de mars et avril avec un minimum d'activité observé au mois d'avril. Pendant l'été, le comportement d'oestrus connait une chute importante au mois d'août aussi bien chez les adultes que les femelles plus jeunes, due probablement aux fortes températures notées pendant ce mois (Lassoued et Rekik, 2004).

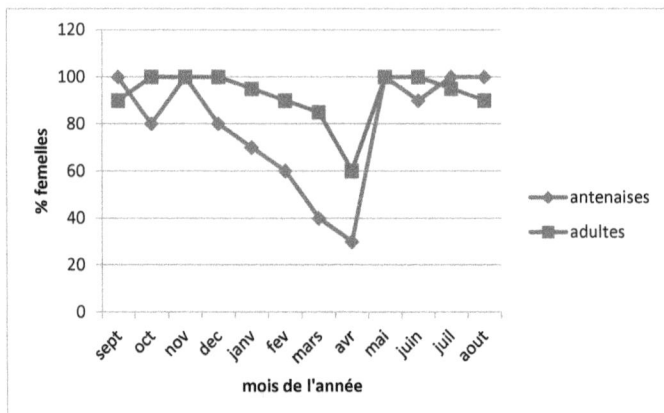

Figure 3: Evolution du pourcentage de femelles ovulant au moins une fois par mois (Lassoued et Rekik, 2004).

Il existe cependant des différences raciales importantes et au sein d'une même race, des variations individuelles. La race *Awassi*, pourtant élevée dans des conditions de photopériode similaires à celles des races tunisiennes présente un anoestrus intense au printemps (Barr, 1968).

La durée du jour est le principal facteur qui détermine le début et l'arrêt de la saison d'activité sexuelle (Castonguay, 2000), qui se caractérise par la succession d'un certain nombre de cycles œstraux pendant une période centrée sur les jours courts décroissants. Son déterminisme essentiel est la photopériode. Ainsi l'activité sexuelle se manifeste lorsque la durée du jour diminue: du début de l'été jusqu'à la fin de l'automne. Elle peut être plus ou moins étendue selon les races. D'autres facteurs dits « secondaires » interviennent également dans la saisonnalité de l'activité sexuelle de la brebis tels que la température, la disponiblité alimentaire, les interactions sociales, etc (Ortavant et *al.*, 1988).

2.1.2. Cycle sexuel

Le cycle sexuel est l'intervalle entre deux chaleurs consécutives. Il a une durée moyenne de 17 jours chez la brebis et peut varier entre 14 et 19 jours suivant les races, l'âge, les individus et la période de l'année (Castonguay, 2000).

2.1.2.1. Mécanismes physiologiques

Les chercheurs Legan et Karsch (1979) ont bien décrit les mécanismes physiologiques impliqués dans la reproduction saisonnière des brebis. Durant la période de reproduction, les cycles oestraux successifs sont composés d'une phase lutéale de 12 à 14 jours, avec édification d'un corps jaune et se terminant par une lutéolyse, et d'une phase préovulatoire ou «phase de croissance folliculaire» de 3 à 4 jours qui correspond au développement d'un follicule ovarien et se termine par l'ovulation (Mauvais- Jarvis et *al.*, 1997; Cunnigham, 2002). La Figure 4 montre les principales variations des structures ovariennes durant le cycle oestral.

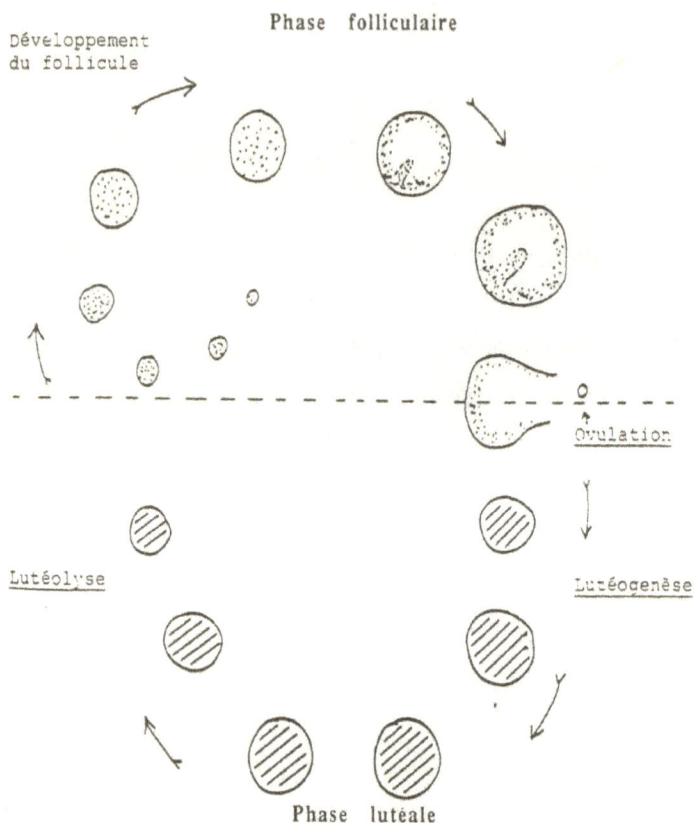

Figure 4: Evolution des structures ovariennes durant le cycle oestral de la brebis (Cunnigham, 2002).

2.1.2.1.1. Phase préovulatoire

Durant la phase préovulatoire, soit environ 48 à 60 h avant le pic de LH, la concentration de progestérone chute drastiquement suite à la destruction du corps jaune formé lors du cycle précédent. Ceci favorise l'augmentation de la sécrétion pulsatile de GnRH par l'hypothalamus qui stimule par la suite la fréquence pulsatile de la FSH et de la LH par l'hypophyse. L'augmentation de ces deux hormones permet la reprise de la croissance des follicules dans les ovaires. La hausse de la fréquence de sécrétion de LH par l'axe gonadotrope amène la concentration moyenne de LH sérique à des concentrations cinq fois supérieures à celles observées avant le début de la phase préovulatoire. Cette augmentation du niveau basal de LH est accompagnée d'une augmentation proportionnelle de la sécrétion d'oestradiol par les follicules dominants qui sont en croissance rapide. La sécrétion de l'oestratiol induit l'apparition du comportement oestral chez les femelles. Cette élévation du niveau d'oestradiol mène finalement au pic de LH préovulatoire, qui permet le relâchement des ovules par les follicules matures (Goodmann, 1988a).

2.1.2.1.2. Phase lutéale

Suite à l'ovulation, les follicules ovulés se transforment en corps jaunes qui sécrètent la progestérone durant toute la durée de la phase lutéale. Durant cette phase, le développement des follicules est ralenti et l'ovulation est impossible car la sécrétion de progestérone inhibe la sécrétion de GnRH par l'hypothalamus, empêchant ainsi le pic de LH et le retour en chaleur. Si l'ovule n'est pas fécondé, l'utérus sécrète de la prostaglandine qui fait dégénérer le ou les corps jaune(s) dans l'ovaire. La destruction du (ou des) corps jaune permet la reprise d'une autre phase folliculaire et donc d'un nouveau cycle (Thimonier et Mauléon, 1969). La Figure 5 montre l'endocrinologie du cycle oestral de la brebis.

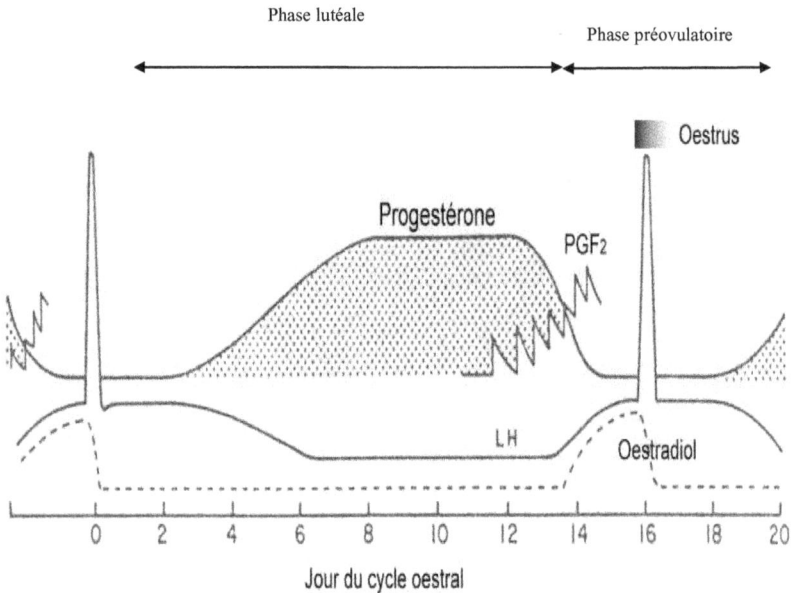

Figure 5: Schéma récapitulatif du cycle oestral chez la brebis (Goodmann, 1988b).

L'apparition du comportement de réceptivité sexuelle débute environ 20 à 40 h avant l'ovulation. La période de chaleur peut ainsi durer de 24 h à 48 h (Thibault et Levasseur, 2001). L'intervalle entre les périodes de chaleur (réceptivité sexuelle) détermine donc la durée du cycle sexuel chez les femelles.

2.1.2.2. Anoestrus post-partum et anoestrus saisonnier

Il existe chez les ovins 2 types d'anoestrus qui caractérisent leur reproduction :

➢ L'anoestrus saisonnier : c'est une période de repos sexuel qui s'étale en général de mars à juillet (période de jours longs) ou la brebis ne montre pas d'œstrus (Craplet et Thibier, 1980). Elle est principalement sous l'influence de la photopériode.

➢ L'anoestrus post-partum : c'est l'intervalle de temps qui sépare l'agnelage des premiers signes de chaleurs visibles. Sa durée a souvent été déterminée à partir de l'intervalle de temps entre deux mises-bas successives (Berger et Ginisty,

1980). Son intensité est affectée par plusieurs facteurs dont le génotype, le mode de conduite de l'élevage, la saison de mise-bas, etc.

Durant la période anoestrale, la plupart des composants de l'axe reproductif hypothalamo-hypophysaire sont fonctionnels mais leur activité est fortement réduite. En effet, on observe une réduction très importante de sécrétion de GnRH et de LH (Barrell et al., 1992). Les follicules, dont la croissance est fortement diminuée, ne peuvent croître adéquatement et générer des concentrations d'oestradiol suffisantes afin d'induire le pic de LH et l'ovulation. En effet, lors de la transition entre la période d'anoestrus et la période de reproduction, la réactivation de l'axe hypothalamo-hypophysaire et de la sécrétion pulsatile de GnRH favorise la reprise de l'activité sexuelle. Lors des périodes de transition entre la saison oestrale et anoestrale, on peut souvent noter la présence de cycles sexuels courts, d'ovulations silencieuses et de chaleurs silencieuses. Ceci résulte du manque de synchronisme entre les différents événements hormonaux essentiels pour mener à l'ovulation et compléter les cycles de façon normale (King et Thatcher, 1993).

2.1.2.3. Corps jaune

Le corps jaune est une glande endocrine transitoire, apparaissant après mitoses et différenciation de cellules de la granulosa et de la thèque interne. Il joue un rôle important dans l'implantation embryonnaire et le maintien de la gestation grâce à son principal produit qui est la progestérone. Le corps jaune est une glande dynamique, présentant des variations de taille, structure et de ses activités stéroïdogènes en fonction des différents stades du cycle oestral et de la gestation (Sangha et al., 2002).

2.1.2.3.1. Formation

Le corps jaune se forme à partir du follicule ovulatoire ou follicule de De Graff. La mise en place d'un corps jaune fonctionnel dans les jours qui suivent l'ovulation implique d'importants remaniements morphologiques et biochimiques des structures folliculaires (Drion et al., 1996; Sangha et al., 2002).

Lors de la rupture du follicule, par expulsion d'un ovocyte, il y a rupture des tissus qui entourent la granulosa, en particulier la membrane basale et les vaisseaux de la thèque interne provoquant ainsi une hémorragie à l'intérieur de la cavité antrale (Cunningham, 2002). La cavité antrale est alors comblée par un coagulum fibrino-hémorragique, du liquide folliculaire et quelques cellules. Ce coagulum sert de substance nutritive aux cellules lutéales avant qu'un nouveau réseau sanguin ne se mette en place. Le follicule ovulatoire se transforme alors en corps hémorragique qui subira toute une série de transformations pour aboutir à la formation du corps jaune, véritable glande endocrine (King et Thatcher, 1993). Les replis de tissus, faisant protusion dans la cavité antrale, contiennent les cellules de la granulosa et de la thèque interne. Le système sanguin vasculaire, une fois développé, apportera les substances nutritives nécessaires à la croissance et à la différentiation cellulaire (Cunningham, 2002). Quelques jours après l'ovulation, le corps jaune devient le tissu le plus vascularisé de l'organisme (Mauvais- Jarvis et *al.*, 1997).

C'est par la transformation morphologique et fonctionnelle des cellules de la granulosa et de la thèque interne du follicule ovulatoire que se constitue le corps jaune (Thibault et Levasseur, 2001). Cette transformation est appelée lutéinisation. La lutéinisation des cellules de la granulosa est sous contrôle de la LH, du transport du sang vasculaire et d'oxygène dans le corps jaune en formation, des nutriments, d'hormones et de divers facteurs (Sangha et *al.*, 2002). Les cellules issues de la granulosa ne se multiplient pas après l'ovulation. Les cellules de la thèque interne gardent, quant à elles, un certain pouvoir mitotique, de sorte que la qualité de la fonction lutéale dépend à la fois des populations cellulaires qui lui ont donné naissance mais aussi de l'environnement hormonal dans lequel le follicule s'est développé (Thibault et Levasseur, 2001).

Au cours du développement du corps jaune, d'importants changements tissulaires apparaissent par hypertrophie, hyperplasie et migration cellulaire. L'hypertrophie des cellules lutéales issues de la granulosa, l'hyperplasie des fibroblastes et la vascularisation du corps jaune contribuent à accroître sa taille. Enfin, les cellules lutéales se chargent de graisse colorée par un pigment caroténoïde, la lutéïne, qui donne sa couleur caractéristique au corps jaune (Drion et *al.*, 1996).

2.1.2.3.2. Structure et irrigation

Le corps jaune est constitué de :

> petites et grandes cellules lutéales, morphologiquement et biochimiquement différentes. Les grandes cellules représentent 25% à 35% du volume total du corps jaune mais seulement 10% du nombre total de cellules et les petites cellules 12% à 18% du volume du corps jaune et environ 25% du nombre total de cellules ;

> cellules endothéliales capillaires représentant environ 10% du volume du corps jaune et 50% du nombre total de cellules ;

> fibroblastes, ayant infiltré le corps jaune après rupture de la membrane basale au cours de l'ovulation puis de la lutéinisation, ainsi que macrophages, leucocytes, cellules musculaires lisses, et occasionnellement des cellules plasmatiques ;

> matrice extra-cellulaire : tissu conjonctif, collagène, etc (Drion et *al.*, 1996; Sangha et *al.*, 2002).

2.1.2.3.3. Stéroïdogenèse

Le corps jaune produit de l'inhibine, de la vasopressine, de l'ocytocine, de la relaxine et principalement de la progestérone. La progestérone est une hormone stéroïde à 21 atomes de carbone et d'un poids moléculaire de 314 daltons. Le rôle indispensable de la progestérone dans le maintien de la gestation est connu depuis le début du siècle dernier et a été à la base du développement des premières méthodes de diagnostic hormonal par dosage dans le sang et le lait dès les années soixante-dix (Meyer et *al.,* 1991).

Après fécondation, le corps jaune devient rapidement fonctionnel. Il se maintient chez les femelles gravides suite à l'intervention du signal embryonnaire et sécrète la progestérone. Cette sécrétion est ensuite relayée par le placenta à des périodes variables selon les espèces. L'ovariectomie peut être pratiquée au-delà du 50ème jour de gestation chez la brebis sans entraîner l'interruption de la sécrétion. A partir du 55ème jour de gestation, le taux de progestérone augmente jusqu'au 4ème mois (El Amiri et *al.*, 2003). Selon Linzell et Heap (1968), le placenta en produit 5 fois plus que l'ovaire.

Deux types de dosages sont actuellement utilisés : le dosage RIA et le dosage ELISA; ils peuvent être réalisés sur des prélèvements de sang, de lait entier ou écrémé et encore dans la crème du lait (Shemesh et *al.*, 1979). La Figure 6 illustre un profil théorique de concentration plasmatique de progestérone au cours du cycle sexuel et de la gestation.

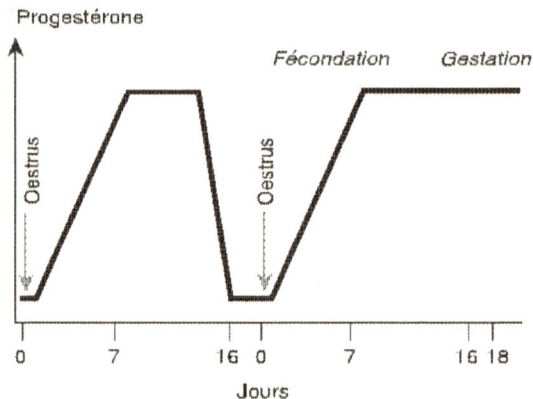

Figure 6: Evolution théorique de la concentration de progestérone plasmatique périphérique au cours d'un cycle sexuel puis de la gestation (El Amiri et *al.*, 2003).

Minimale pendant l'oestrus (0,2 à 0,3 ng/ml), la concentration s'élève progressivement à partir des 3ème - 4ème jours du cycle, pour atteindre un maximum (environ 2 ng/ml) entre les 7ème et 10ème jours (Cunningham et *al.*, 1975). Cette

26

concentration reste stable jusqu'aux $14^{ème} - 15^{ème}$ jours, pour chuter ensuite brutalement suite à la lutéolyse du corps jaune induite par la prostaglandine PGF2α.

En cas de fécondation, le corps jaune se maintient, et la concentration plasmatique de progestérone égale voire dépasse celle observée en phase lutéale. Le dosage de la progestérone peut fournir des informations tout au long de la gestation car la concentration augmente régulièrement au cours du temps (Figure 7). Deux semaines avant la mise bas, la progestéronémie baisse progressivement puis chute brusquement au moment de l'agnelage pour atteindre des valeurs basales de 0,3 ng/ml (Drion et *al.*, 1996).

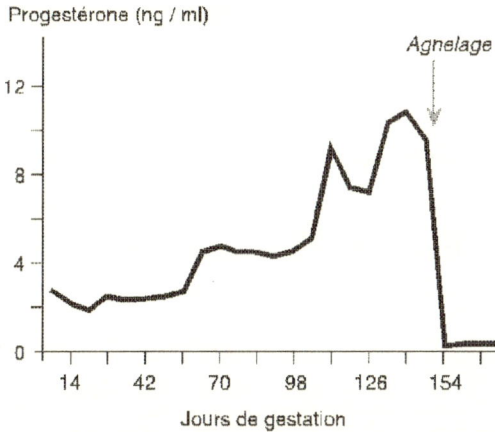

Figure 7: Evolution de la concentration de progestérone plasmatique périphérique au cours de la gestation et jusqu' après l'agnelage chez la brebis *Mérinos* (Ranilla et *al.*, 1994).

Le dénombrement précis des foetus par le dosage de la progestérone n'est pas possible bien que certains auteurs aient observé des corrélations positives en fin de gestation. Chauhan et Waziri (1991) et Kalkan et *al.* (1996) ont rapporté des concentrations sériques de progestérone significativement plus élevées chez les brebis portant 2 et 3 foetus que chez celles n'en portant qu'un (19,2 et 29,9 ng/ml *vs* 9,2 ng/ml, respectivement). L'élément le plus en faveur du dosage de la progestérone est qu'il permet un diagnostic précoce dès le 17ème jour de la gestation. Cependant, il faut insister sur le fait qu'il nécessite une connaissance précise de la date de la dernière saillie ou IA. Il donne lieu à de faux diagnostics positifs selon l'importance de la mortalité embryonnaire précoce ou dans le cas d'une connaissance imprécise de la date de fécondation. Une concentration élevée de progestérone chez une brebis non gravide peut résulter d'une anomalie de la durée du cycle (cycle court ou cycle long), de la présence d'un kyste lutéal, d'infections du tractus génital ou encore de l'occurrence de mortalités embryonnaires (Derivaux et Ectors, 1980). A partir des données enregistrées des races *Préalpes du Sud, Ile de France* et *Romanov*, Jardon *et al.* (1984) ont rapporté que pour le dosage RIA de la progestérone, l'exactitude du diagnostic de gestation est de 90,6% et celle du diagnostic de non-gestation est de 99,2%.

2.2. Paramètres de reproduction

Les résultats moyens des paramètres de reproduction enregistrés pour la race *Sicilo-Sarde* sont présentés dans le Tableau 2. Ces valeurs montrent l'existence d'une grande variabilité intra-fermes. Les taux de fécondité et de prolificité sont plus élevés à Frétissa et par conséquent, le taux de productivité numérique qui est le paramètre technico-économique le plus important est également le plus élevé dans ce cas. Le meilleur taux de fertilité est observé aussi bien à Frétissa qu'à Béjà. De plus, les taux d'avortement, de mortalité jeune et de remplacement sont bien maitrisés à Frétissa. Ce qui prouve que les performances de cette race sont les meilleures à Frétissa contrairement à Ghzéla qui détient les taux d'avortement et de mortalité les plus élevés et de Mateur (représenté par l'UCPA) ayant les taux de stérilité, de réforme et de remplacement les plus médiocres.

Comparativement à d'autres races laitières méditéranéennes, le taux de fertilité de la *Sicilo-Sarde* est inférieur à celui de la race *Awassi*, dans les steppes de la Syrie, avec 97,2% (Kassem, 1998). Aussi, le taux de prolificité est faible non seulement par rapport à la race *Chios* (185%), la meilleure race prolifique de la méditérannée (Mavrogenis, 1988b), mais aussi de *la Comisana* (180%) (Barillet, 1990).

Tableau 2: Critères de reproduction de la *Sicilo-Sarde* (Rouissi et *al.*, 2004)

Taux (%)	Mateur	Frétissa	Béja	Ghzéla
Fertilité	90 (88-93)	92 (91,1-94)	92 (86,7-94,9)	88,5 (87-90)
Prolificité	135,7 (127-145)	150 (135,5-163,8)	139 (119,5-143)	128,5 (127-129)
Fécondité	122,1 (110-138,5)	138 (123,4-150)	128,1 (107-134,3)	113,8 (111-116)
Avortement	0,6 (0-1,9)	0,6 (0,4-0,8)	1 (0,6-2,9)	2,6 (1-3,7)
Stérilité	9,4 (5,3-11,5)	7,4 (6,8-9,4)	7 (4,5-11,5)	8,9 (8,1-12,6)
Mortalité jeune	9,1	4 (2,95-5,46)	6 (3,4-11)	10,1 (7,8-12,4)
Productivité numérique	111 (98-120)	127 (116-140)	120,6 (98,5-125,7)	92,5 (86,9-97,7)
Réforme	27 (12-42)	17 (12,5-22,8)	21,9 (13,5-34)	12 (3-19,7)
Remplacement	38 (15-47)	12,2 (8-16,7)	26,6 (14,8-46,5)	19 (13-31)

(min, max)

2.3. Facteurs de variation des performances de reproduction

2.3.1. Facteurs liés à l'animal

2.3.1.1. Age de la brebis

Selon Abdennebi et Khaldi (1991), la fertilité des femelles ovines augmente progressivement et atteint son maximum vers l'âge de 5 ans, puis diminue et atteint son minimum à 10 ans. Il en est de même pour la prolificité. Pour Prud'hon et *al.* (1968), Thériez et *al.* (1971) et Gunn et *al.* (1986), la prolificité maximale est atteinte deux ans plus tôt que la fertilité.

Une expérience réalisée sur la race *D'man*, caractérisée par sa prolificité exceptionnelle et la possibilité d'être saillie à toute période de l'année, a révélé que les plus faibles performances reproductives ont été réalisées par les brebis primipares (âgées de moins de 18 mois) alors que les performances les plus élevées ont été enregistrées chez les brebis adultes âgées de 36 à 42 mois. Les différences sont de 0,33 et 0,27 agneaux pour les tailles de portée à la naissance (Kerfal et *al.*, 2005). De même, Clément et *al.* (1997) ont rapporté que la taille moyenne de portée des brebis *Djallonké* passe de 1,05 à 1,33 du 1er au 8ème agnelage.

Quant aux taux de mortalité des jeunes, ils sont plus élevés chez les primipares et les brebis âgées (Thériez, 1982). London et Weniger (1996b) ont signalé une mortalité des agneaux plus élevée à partir du 7ème agnelage, due au vieillissement des brebis. De plus, les agneaux issus du premier et dans une certaine mesure du second agnelage sont généralement plus légers à la naissance que ceux des agnelages suivants (Fall et *al.*, 1982; Poivey et *al.*, 1982; Filius et *al.*, 1986; Abassa et *al.*, 1992; London et *al.*, 1994; Yapi-Gnaoré et *al.*, 1997a), d'où l'importance de l'âge de la mère au premier agnelage sur la croissance de la descendance.

2.3.1.2. Poids vif et état corporel de la brebis

Les travaux d'Ettuhami (1981) ont montré que l'amélioration du poids des brebis 70 et 10 jours avant la lutte entraîne une nette amélioration de 15% de la fertilité. De même, Abdennebi (1990) a déduit que la fertilité s'améliore pour les femelles qui gagnaient du poids juste avant la lutte et non pas pour les femelles lourdes. Atti et Abdennebi (1995), ont montré que la fertilité des brebis *Barbarine* s'améliore avec le poids vif; elle passe de 74% pour des brebis pesant moins de 30 kg à 91% chez celles dont le poids est compris entre 31 et 40 kg et elle atteint son maximum (100%) chez les brebis dont le poids est supérieur à 50 kg.

De leur côté, Prud'hon et *al.* (1968) ont montré que les brebis gémellipares pèsent significativement plus lourd que les brebis unipares de même âge ; en effet, pour un kilogramme de poids supplémentaire, le taux de prolificité s'améliore de 1,33%.

Thériez (1984) a également trouvé que la fertilité, la prolificité et la mortalité embryonnaire dépendent fortement de l'état corporel de l'animal à la lutte. Les brebis ayant un bon état corporel, donc correctement alimentées, sont relativement plus fertiles et plus prolifiques que celles qui sont plus maigres. Par ailleurs, la prolificité est négativement corrélée au poids vif ainsi qu'aux différentes mesures de l'état corporel de la brebis à l'agnelage et au sevrage.

En effet, Ch' Ang et Rae (1961) ont constaté de fortes corrélations positives entre le poids vif et le nombre d'œstrus des agnelles. L'activité sexuelle des brebis à contre saison est étroitement lié à leur état corporel qui résulte lui même de leur alimentation (Rattray, 1977). C'est ainsi que Lindsay et *al.*(1975) ont suggéré que l'activité ovarienne des brebis peut disparaitre complètement chez des femelles en mauvais état. Par ailleurs, il a été démontré qu'un amaigrissement excessif peut se traduire par un début tardif de l'apparition du premier œstrus (Thériez, 1984), de la saison de reproduction (Smith, 1966), ainsi que par une fin précoce de cette même saison (Lishman et *al.,* 1974). Thomson et Bahhady (1988) ont montré qu'en plus d'une

31

augmentation du pourcentage des naissances gémellaires chez les brebis les plus lourdes avant ou durant la lutte, celles-ci ont tendance à montrer des cycles œstraux plus fréquents.

2.3.2. Facteurs liés à l'environnement

2.3.2.1. Photopériode

Le rôle de la photopériode a été clairement démontré par le transfert d'animaux d'un hémisphère à l'autre, transfert qui provoque un décalage de six mois de la saison de reproduction (Bocquier, 1985).

Les mécanismes physiologiques impliqués dans le contrôle photopériodique de la reproduction ne sont, pour le moment, que partiellement connus. La lumière est transmise des yeux à la glande pinéale par voie nerveuse, laquelle inclut le ganglion cervical supérieur. La glande pinéale synthétise et sécrète la mélatonine dans le plasma sanguin quand les lumières sont éteintes et s'arrête lorsque celles-ci sont allumées (Figure 8). Le rythme circadien de sécrétion de mélatonine, qui dépend donc de la durée du jour, détermine l'activité des neurones hypothalamiques qui contrôlent la sécrétion de LH et finalement l'activité de reproduction (Castonguay, 2000).

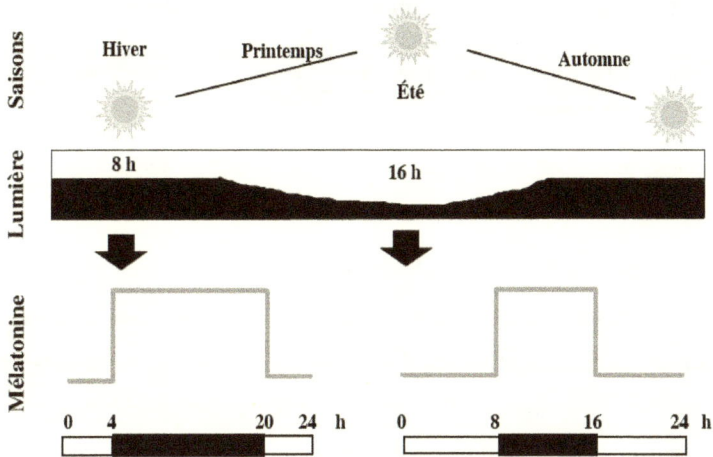

Figure 8: Principe d'action de la mélatonine (Chemineau et *al.*, 1992a).

Mauléon et Rougeot (1962) ont montré que la période de reproduction des brebis est dépendante de la photopériode, mais il existe de fortes différences de sensibilité entre races. De même, Ortavant et *al.* (1988) ont trouvé que la photopériode serait le signe principal qui conditionne la mise en place de la reproduction.

En plus d'affecter l'activité de reproduction des brebis, les variations annuelles de la durée du jour pourraient également affecter le taux d'ovulation et la taille de portée. En effet, Notter (2000) a observé que le nombre d'agneaux nés était supérieur lorsque les brebis agnelaient durant l'hiver et le printemps (mises bas de décembre à mai).

Le taux d'ovulation moyen de la brebis *Sicilo-Sarde* est de 1,50 et est supérieur au taux d'ovulation moyen des autres races tunisiennes. Ce taux d'ovulation enregistre également des variations saisonnières au cours de l'année (Tableau 3). En effet, il est maximum en automne (septembre, octobre, novembre) et enregistre la valeur la plus basse au cours du mois d'avril (Lassoued et Rekik, 2004). Ceci suggère que le taux d'ovulation serait supérieur en saison sexuelle lorsque les jours sont courts et diminuerait au printemps et en été avec l'allongement de la durée journalière.

Tableau 3: Evolution du taux d'ovulation des antenaises et des adultes *Sicilo- Sarde* (Lassoued et Rekik, 2004)

	Sept	oct	Nov	Déc	Janv	Févr	mars	Avr	Mai	Juin	Juil	Août
Antenaises (n=10)	1,1	1,0	1,2	1,1	1,2	1,1	1,0	1,2	1,1	1,1	1,1	1,2
Adultes (n=25)	1,8	1,9	1,8	1,4	1,5	1,5	1,3	1,3	1,5	1,4	1,5	1,6

En Tunisie, les taux de fertilités des brebis en saison de lutte ou à contre saison sont toujours élevés et ne présentent pas de différence significative (Khaldi et Farid, 1981). Chez le bélier, le poids testiculaire qui reflète l'activité spermato- génétique, est faible pendant la période où l'activité sexuelle des brebis est moindre, et élevé pendant la saison sexuelle (Mahouachi, 1999), et cela est principalement dû à la variation du taux de sécrétion de testostérone en fonction de la variation de la photopériode (Ortavant et *al.*, 1988).

2.3.2.2. Effet mâle

L'effet mâle est une technique de maîtrise naturelle de la reproduction chez les ovins connue pour induire de façon relativement synchronisée ovulation puis œstrus chez des brebis en période d'anœstrus saisonnier ou post-partum. Elle constitue actuellement la seule technique disponible sans recours aux hormones permettant d'envisager l'utilisation de l'insémination artificielle (Martin et *al.*, 2004) pour pouvoir bénéficier du progrès génétique des schémas de sélection.

Dans la littérature, les mécanismes d'action de l'effet bélier sont bien documentés. Chez des brebis en anoestrus, la sécrétion et la pulsatilité de LH sont faibles et les brebis ne présentent pas d'activité ovulatoire ni oestrale. Cependant, l'introduction d'un mâle avec des femelles en période d'inactivité sexuelle, provoque une augmentation soudaine de la pulsatilité de LH, favorisant la venue du pic de LH préovulatoire et d'une ovulation spontanée environ 50 h après l'introduction des mâles. Chez les femelles, cette première ovulation n'est souvent pas accompagnée de comportement oestral, c'est pourquoi on la qualifie d'ovulation «silencieuse» (Lindsay et *al.*, 1975).

Des auteurs avaient observé que chez plusieurs brebis (environ 50%), un corps jaune fonctionnel était formé suite à cette première ovulation et que ce dernier régressait naturellement suite à une phase lutéale complète. La lutéolyse de ce premier corps jaune favorise l'apparition d'un second pic de LH et d'une deuxième ovulation, cette fois-ci accompagnée d'un comportement oestral. L'introduction du bélier amenait donc l'apparition d'un premier pic d'activité sexuelle aux environs de 17 à 18 jours après l'introduction du mâle (Martin et *al.*, 1980).

Les chercheurs avaient observé que chez l'autre moitié des femelles, la première ovulation était suivie d'un cycle très court, probablement dû à la présence d'un corps jaune non fonctionnel ne sécrétant pas assez de progestérone. Ainsi, ce corps jaune régressait rapidement cinq à six jours après l'ovulation et était accompagné d'un second pic préovulatoire de LH et d'une deuxième ovulation, également silencieuse. Cependant, le corps jaune formé suite à la seconde ovulation semblait sécréter assez de progestérone pour être fonctionnel durant une phase lutéale normale (O'Callaghan et *al.*, 1994).

Suite à la lutéolyse, une troisième ovulation survenait, cette fois-ci accompagnée d'une période d'activité sexuelle intense chez ces femelles, qui se produit alors environ 25 jours après introduction du mâle. Ainsi, ces auteurs avaient démontré que l'effet bélier, soit l'introduction d'un mâle chez des brebis en anoestrus, causait une période d'activité sexuelle intense d'environ 10 jours, soit environ 18 à 25 jours après l'introduction du mâle. Les auteurs avaient par ailleurs noté que suite à la première ou à la seconde ovulation, certaines femelles retournaient en période d'anoestrus et ce, jusqu'à la saison suivante de reproduction (Khaldi, 1984) (Figure 9).

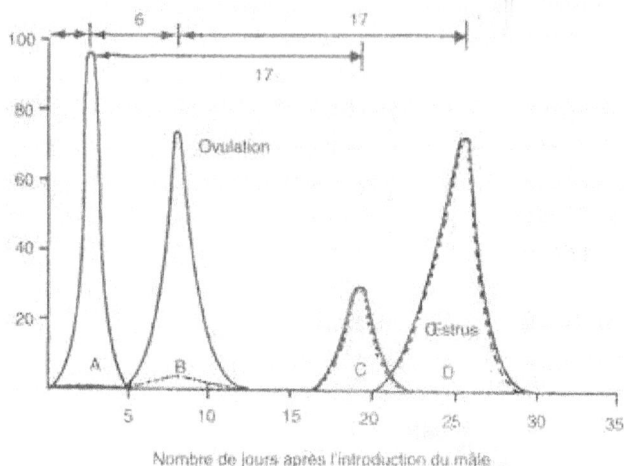

Figure 9: Représentation schématique des réponses œstriennes et ovulatoires des brebis *Barbarine* à l'effet mâle (Khaldi, 1984).

L'étude de l'effet mâle chez les ovins de la race *Mérinos d'Arles*, race pour laquelle la lutte de printemps est une règle quasi-générale, a été faite par Prud'hon *et al.* (1966, 1968) et Prud'hon et Denoy (1969). Ces auteurs ont montré que l'apparition des œstrus au cours de la lutte de printemps n'est pas uniforme, contrairement à ce qui a été observé lors d'une lutte d'automne. Ils ont proposé l'utilisation de béliers vasectomisés pendant les premiers jours de la lutte de printemps avant l'introduction des mâles reproducteurs, pour obtenir un meilleur groupement des œstrus et une fertilité élevée chez les brebis adultes (voisine de 90%), plus variable chez les antenaises.

D'autre part, Khaldi (1984) et Thimonnier et *al.* (2000) ont montré qu'après une séparation entre les béliers et les brebis non cycliques pendant une période au moins égale à un mois, la réintroduction des mâles induit l'ovulation dans les 2 à 4 jours qui suivent chez 97,5% des femelles.

En effet, l'introduction des mâles dans le troupeau de femelles anovulatoires est suivie immédiatement par une augmentation de la fréquence des décharges pulsatiles de LH, ce qui conduit, si les mâles sont maintenus dans le troupeau, à une décharge pré-ovulatoire de LH (Poindron *et al.,* 1980). Tous les sens de la femelle sont impliqués dans la réponse à l'effet mâle (odorat, vue, ouïe, toucher). La réponse ovulatoire maximale est toujours obtenue lorsqu'il y a contact physique entre mâle(s) et femelles (Pearce et Oldham, 1988). Cependant l'odorat est aussi très important. Les béliers émettent des phéromones, dont la nature est partiellement connue (Signoret, 1990), pas forcément perceptibles par les humains, qui entraînent la pulsatilité de LH et donc la réponse ovulatoire des brebis. Le fait que les phéromones soient sous influence des sécrétions stéroïdiennes pourrait rendre compte des différences raciales qui ont été notées dans l'aptitude des mâles à induire l'ovulation (Tervit *et al.,* 1977; Knight *et al.,* 1980; Signoret, 1990) ou de l'importance du nombre de mâles nécessaires pour un effet mâle efficace.

2.3.2.3. Alimentation

La disponibilité alimentaire et les variations annuelles de la quantité de la nourriture consommée interagissent avec le photopériodisme pour moduler l'activité sexuelle ou la contrôler complètement (Thibault et Levasseur, 2001). La complémentation au cours de cette période est connue sous le nom de « *flushing* » qui est définie selon Thériez et *al.* (1971) comme étant une méthode d'élevage consistant à accroître temporairement l'alimentation des brebis en début de la lutte. Il permet d'augmenter le taux de prolificité; il en résulte une augmentation de 10 à 20% dans le nombre d'agneaux nés (Roux ,1986).

Selon Barill et *al.* (1993), la réponse des femelles à des modifications du niveau alimentaire, peut être divisée en deux composantes: effets à long terme résultant d'une sous – alimentation subie à une période critique pendant le jeune âge, qui se manifeste à l'âge adulte, même si une alimentation correcte est distribuée plus tard et, effets à court terme et directs que l'on peut attribuer à des modifications transitoires des nutriments disponibles.

> Chez la brebis jeune, la sous-alimentation appliquée pendant la première année de vie diminue le taux d'ovulation et le taux de naissances multiples durant la vie d'adulte. Il apparaît toutefois, qu'il est nécessaire d'appliquer un régime très sévère pour obtenir de tels effets.

> Chez la brebis adulte, la sous-alimentation peut provoquer une suppression des œstrus avec une cessation des ovulations ou l'apparition d'ovulations silencieuses. Au contraire, un haut niveau alimentaire, avant et après la mise bas, réduit l'intervalle mise bas/première ovulation et permet d'obtenir plus de brebis cycliques et saillies précocement dans la saison de reproduction.

Des agnelles subissant une restriction alimentaire sévère après le sevrage présentent d'importants retards d'apparition de la puberté, voire un blocage durable de la fonction de reproduction (Foster *et al.,* 1985). Une ré- alimentation permet d'induire un déclenchement de la puberté dans les 2 à 3 semaines chez les agnelles dont l'apparition de la puberté a été précédemment inhibée par la restriction alimentaire. Au-delà des altérations du fonctionnement ovarien, le comportement sexuel constitue également une voie de régulation de la réponse de la femelle à la sous-nutrition (Debus *et al.,* 2003).

Une restriction alimentaire sévère (40% des besoins énergétiques couverts) maintenue durant 50 jours chez des brebis nullipares n'induit pas de blocage complet de la reproduction : l'activité cyclique est maintenue (Debus *et al.,* 2003) malgré un retard d'apparition du pic pré-ovulatoire de LH. En revanche, sur le plan comportemental, la restriction alimentaire retarde le moment d'apparition de l'œstrus de 1,5 jour et réduit nettement sa durée par rapport à celle observée chez les brebis témoins. Suite à la restriction, une ré- alimentation (100% des besoins couverts) réalisée sur un cycle permet de retrouver des taux de progestérone normaux et de restaurer des durées d'œstrus similaires à celles des animaux témoins (Figure 10).

Ces résultats montrent que chez les brebis sous-alimentées, la probabilité de saillie par des béliers est notablement réduite (réduction de la durée de l'œstrus) suite à une sous-alimentation sévère, alors que les paramètres physiologiques révèlent un assez bon maintien du fonctionnement ovarien (Blanc et al., 2004).

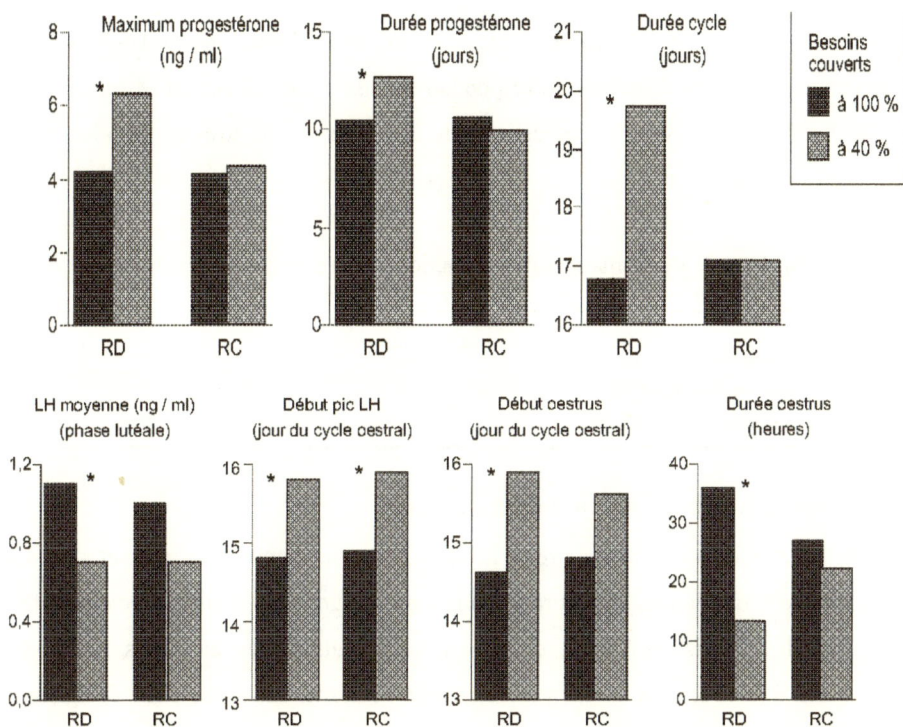

Figure 10: Effets d'une restriction alimentaire sur la réponse endocrinienne et le comportement sexuel de brebis *Merinos d'Arles* nullipares (Debus et al., 2003).
RD : régimes différenciés 100% vs 40% des besoins couverts. RC : régime commun de réalimentation (100%). * : différence signifiative à $p < 0.05$.

III. Performances de production laitière

3.1. Aptitude laitière

Les performances laitières de la brebis *Sicilo- Sarde* sont inférieures à celles de la *Sarde* et la *Comisana* qui se classent respectivement en 2ème et 3ème position après la

Lacaune avec une moyenne de production de 1,2 litre par jour et 243 litres en lactation totale (Bougler, 1990). Une brebis *Sicilo- Sarde* a une production totale moyenne relativement faible (84,75 kg), avec une production journalière moyenne de 0,51 kg (Moujahed et *al.*, 2008). Ces résultats sont dans la gamme de variation des valeurs présentées par Moujahed et *al.* (2004) et Saadoun et *al.* (2004), qui étaient respectivement de 68 et 86 kg. La durée de lactation moyenne est de 225 jours (Djemali et *al.*, 1995; Moujahed et *al.*, 2004 et 2008). Cette durée est relativement élevée par rapport à celles correspondantes aux races *Assaf et Awassi*, races hautement productrices avec respectivement 334 litres et 506 litres en lactation totale (Tableau 4).

Tableau 4: Performances de production laitière de deux races laitières méditéranéennes : *Assaf* et *Awassi* (Gootwine et Pollott, 2000)

	Assaf	Awassi
Production laitière (L)	334	506
Durée de lactation (j)	173	214
Pic de production laitière (L/j)	2,61	3,44

3.2. Evolution de la lactation chez la brebis

En Méditerranée, la traite des brebis laitières commence après une première période d'allaitement des jeunes qui dure le plus souvent un mois. Durant cette première période, les brebis peuvent éventuellement être allaitantes et traites (selon les systèmes d'élevage), de sorte que l'on parle de traite exclusive pour désigner la période de la lactation qui suit le sevrage du (des) agneau(x) (ICAR, 1992). Cette exploitation "mixte" de la lactation constitue une originalité zootechnique forte de la brebis laitière (comparativement à la vache laitière).

La production de lait est le résultat d'un enchaînement d'événements physiologiques qui vont de la reproduction réussie au tarissement. Une étape importante est la mise en place de la lactation qui débute par la mammogenèse et qui est suivie par la lactogenèse (Delouis et *al.*, 1980) :

➢ la mammogenèse est l'étape correspondant à la croissance de la glande mammaire. Elle est caractérisée par le développement des canaux, leur ramification et l'apparition et le développement du tissu lobulo-alvéolaire. Ce processus s'étend de la vie embryonnaire à la première mise bas de l'individu. Elle est discontinue au cours de la vie d'une femelle.

➢ la lactogenèse est l'étape de différenciation cellulaire permettant l'acquisition d'une activité de synthèse et de sécrétion des cellules épithéliales, responsables de la production de lait. Cette étape se situe juste avant la parturition.

➢ La galactopoïèse est la phase de sécrétion lactée dont la mise en place intervient à la parturition. Elle est entretenue par le tirage du lait (soit la traite, soit la tétée). La production décline toutefois au cours du temps et un arrêt de la traite ou le sevrage entraîne une régression du tissu lobulo-alvéolaire, appelée involution (Jammes et Djiane, 1988).

3.3. Courbe de lactation

La courbe de lactation de la brebis laitière comprend deux phases : une phase ascendante et une phase déclinante. Durant les premières semaines qui suivent l'agnelage, la production journalière s'accroît pour atteindre le pic courant le premier mois.

Pendant la phase d'allaitement, la production laitière des brebis augmente et atteint son maximum (pic de lactation) vers la 2ème à la 4ème semaine (Figure 11) (Caja et al., 1992; Gargouri, 1992; Djemali et al., 1995) et diminue ensuite progressivement. Le passage de l'allaitement à la traite se traduit obligatoirement par une chute de production. Au cours de la phase de traite, la quantité de lait subit une remontée jusqu'à atteindre un maximum avant la décroissance normale de la production (Cajal et al., 1992).

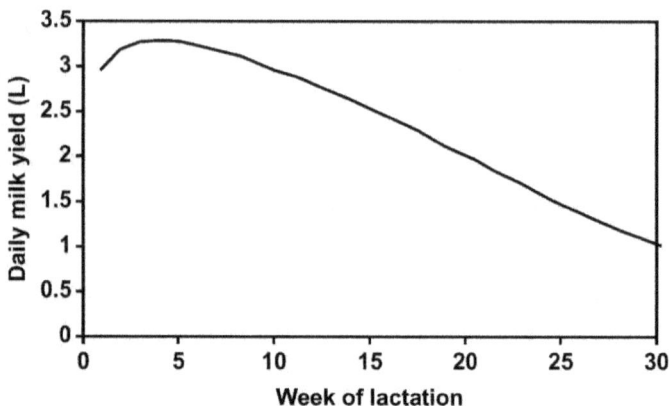

Figure 11: Courbe de lactation typique de la race *Awassi* (Gootwine et Pollott, 2004).

Dans les conditions tunisiennes, outre le pic de production obtenu entre la 1ère et la 4ème semaine de lactation, un deuxième pic est observé pendant les mois de février et mars en conséquence d'une plus grande disponibilité de verdure (Figure 12) (Atti, 1998; Mahouachi, 1999).

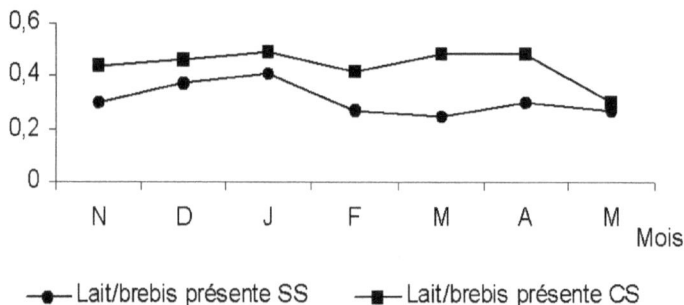

Figure 12: Répartition de la production laitière par brebis présente de race *Sicilo-Sarde* : (SS) ou *Comisane* (CS) (Rouissi et *al.*, 2006).

3.4. Facteurs de variation de la production laitière

Comme pour les autres ruminants laitiers, la production des brebis laitières est conditionnée par plusieurs facteurs tels que les facteurs génétiques, le stade de lactation, le système de traite et l'alimentation (Flamant et Morand-Fehr, 1982; Treacher, 1983 et 1989; Bocquier et Caja, 1993 et 1998)...

3.4.1. Facteurs liés à l'animal

3.4.1.1. Race

Le potentiel génétique diffère selon les races. En effet, on trouve des races à haut potentiel de production et d'autres à potentiel faible ou moyen. Le Tableau 5 présente la production laitière des principales races de brebis laitières dans la région méditerranéenne.

Tableau 5: Production laitière à la traite des principales races des brebis laitières dans la région méditerranéenne

Races	Durée (jours)	Lait trait (l/j)	Auteur (année)
Chios	200	1,3a*	Djemali (2003)
Chipriote	111	0,919	Louca (1972)
Laxta	146	0,829	Bougler (1990)
Lacaune	165	1,315	Bougler (1990)
Comisana	180	1,250	Bougler (1990)
Sarda	159	1,126	Bougler (1990)
Sicilo-sarde	124	0,581a	Djemali et al, (1995)

a= en Kg ; *= allaitement inclus

Bien qu'il existe de grandes différences entre races à la fois dans la production, la composition du lait et les courbes d'évolution de ces paramètres à l'échelle de la lactation, les effets de la race sont souvent confondus avec ceux du système de production qui sont très variés (Casu *et al.*, 1983; Fernández *et al.*, 1983; Gallego *et al.*, 1983, 1994; Labussière *et al.*, 1983; Bocquier et Caja, 1993; Caja, 1994; Fuertes *et al.*, 1998). De plus, le génotype de la brebis a une influence sur le moment du pic de la production laitière (Khaldi, 1983).

3.4.1.2. Poids vif de la brebis

Le poids de la brebis influence de façon significative la production de lait durant la période d'allaitement (Boyazoglu, 1963). Khaldi (1979), a remarqué que le poids vif diminue au cours de la lactation et que les pertes du poids sont plus importantes chez les adultes que chez les primipares.

3.4.1.3. Age et numéro de lactation

La différence entre ces deux facteurs est difficile à mettre en évidence. Certains pensent que c'est le numéro de lactation qui doit être pris en considération plutôt que l'âge, alors que d'autres pensent que l'âge de la brebis est le plus important. Ainsi, de nombreuses études citées par Gargouri (1992) ont montré que la production laitière augmente progressivement avec l'âge pour atteindre un maximum souvent entre la 3 - 4ème lactation puis commence à diminuer à partir des 5 - 6ème lactations. De même, Bélibasaki et *al.* (1998), travaillant sur des brebis de race *Chios*, ont montré que la production du lait augmente avec l'âge jusqu'à la 4ème lactation puis elle commence à diminuer. Aussi, Eralp en 1963, a montré que le maximum de production laitière de la race *Awassi* est atteint à l'âge de 5 ans (Tableau 6).

Tableau 6: Caractéristiques de lactation des brebis *Awassi* (Eralp, 1963)

Age (ans)	Production laitière totale (kg)	Production laitière journalière (kg)	Durée de lactation (j)
2	77,1	0,75	156
3	96,5	0,87	164,3
4	104,4	0,98	167,7
5	110,4	1,03	170,2
6	107,5	0,94	179
7	101,2	0,92	170,8

Ben Hammouda et Zitouni (1988) ont montré que la production laitière des brebis *Sicilo-Sarde* augmente progressivement avec le numéro de lactation jusqu'à la 4ème - 5ème lactation. Après l'âge de 4 ans, la production laitière de la race *Sicilo-Sarde* diminue progressivement jusqu'à l'âge de 7 ans. Ce résultat a été confirmé par

Djemali et *al.* (1995) qui ont montré qu'il existe une différence de 20 kg de lait pendant la phase de traite entre des brebis ayant 4 ans à l'agnelage et les brebis ayant 9 ans.

3.4.1.4. Taille de la portée

D'après les résultats de Moujahed et *al.* (2008), la taille de la portée ne semble pas affecter significativement la production laitière ni la composition chimique du lait (Tableau 7). Ceci s'expliquerait par le fait que son impact est assez limité après le sevrage. En effet, la stimulation provoquée par la présence des jeunes qui est plus intense dans le cas d'allaitement de jumeaux, disparaît après le sevrage (Khaldi, 1987 ; Ben Hammouda et Zitouni, 1988). De plus, des brebis avec une portée multiple ont plus de lactogène placentaire qui circule ce qui entraine une mammogénèse plus importante et par conséquent une production laitière plus élevée (Gootwine et Pollott, 2000).

Tableau 7: Effet de la taille de la portée de la brebis *Sicilo-Sarde* sur la production du lait (Moujahed et *al.*, 2008)

Taille de la portée	1	2 et plus	ESM
Production laitière totale (kg)	86,8	83,7	26,27
Production journalière (kg)	0,5	0,5	0,15
Durée de lactation (j)	227,9	228,1	23,66

Selon Benyoucef et Ayachi (1991), en période d'allaitement, les brebis de race *Hamra* allaitant des doubles ont une production laitière supérieure (23-27%) à celles allaitant des simples, par suite de l'implication du lactogène placentaire à la seconde moitié de gestation (Figure 13).

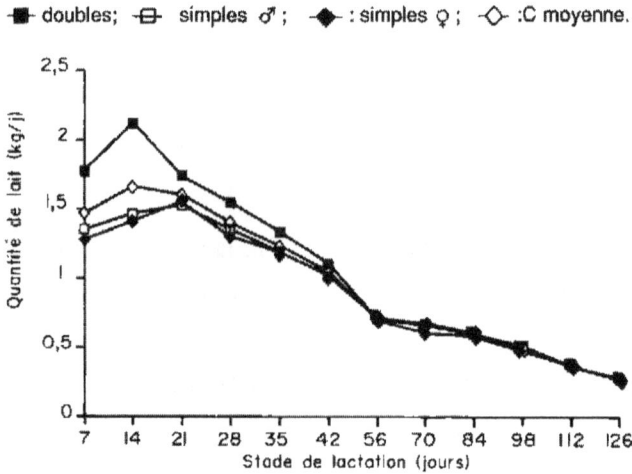

Figure 13: Quantité de lait produite en phase d'allaitement et de traite chez la brebis *Hamra* (Benyoucef et Ayachi, 1991).

3.4.1.5. Mode de sevrage

Khaldi (1987) a mis en évidence l'influence du mode de sevrage sur la production laitière de la brebis *Sicilo-Sarde* (Tableau 8). De même, Atti (1998) a montré que l'âge au sevrage affecte d'une manière significative la production laitière.

Tableau 8: Influence du mode de sevrage et du mode de naissance sur la production laitière de la *Sicilo-Sarde* (Khaldi, 1987)

Age au sevrage	42	90
Naissance simple	82 ± 12,2	62 ± 9,9
Naissance double	118 ± 19,2	66 ± 8,7

D'après le Tableau 8, on constate qu'avec la technique de semi-sevrage (sevrage à 45 jours), on gagne sur la quantité de lait commercialisée. Un sevrage précoce des agneaux à 42 jours s'accompagne d'une diminution brutale et importante de la production laitière des brebis en début de la phase de traite. Cette diminution est estimée à 45% chez les mères de doubles et à 50% chez les mères de simples. Ce phénomène est beaucoup moins accentué lorsque les agneaux sont sevrés à 90 jours d'âge. Dans ce cas, la diminution de la production laitière résultant de la séparation complète des brebis de leurs produits n'est que de 27% chez les bessonnières et de 9% seulement chez les unipares (Khaldi, 1983).

3.4.1.6. Durée de lactation

La durée de lactation est la principale source de variation de la production laitière des brebis. Selon Barillet (1985), la corrélation entre la production de lait et la durée de la lactation varie de 0,66 à 0,8 entre la 1ère et la 7ème lactation. De plus, Ben Hammouda et Djemali (1991), selon des études réalisées sur la race *Sicilo- Sarde*, ont montré que la quantité de lait produite par brebis soumise à la traite augmente avec la durée de traite. Othmane et *al.*, (2002d) a précisé que la durée de lactation n'est pas une cause directe de la variation de la production laitière mais plutôt un indicateur de l'ensemble de ses causes réelles de variation.

3.4.2. Facteurs liés au milieu

3.4.2.1. Saison d'agnelage

Portolano et *al.* (1996) ont observé que les brebis laitières *Comisana* qui mettent bas en automne avaient une plus grande persistance, un rendement plus faible et atteignent le pic de lactation plus tard, que les brebis qui mettent bas en hiver. De même, l'analyse de nombreuses courbes de lactations enregistrées en Sardaigne a montré que les brebis qui mettent bas au printemps ont une production laitière plus importante que celles qui agnellent en automne (Carta et *al.*, 1995). Ce phénomène pourrait être du aux conditions de gestion des pâturages. En effet, les brebis qui agnellent en automne ont leur rendement laitier déprimé par les effets de l'hiver et ne peuvent plus profiter des meilleures qualités et quantités de pâturages dans la seconde partie de la lactation.

En Tunisie, les agnelages d'octobre ont été plus favorables à la production laitière que ceux ayant lieu en septembre. Les brebis qui agnellent en octobre donnent 10 kg plus de lait (Djemali et *al.*, 1995).

Une expérience a été réalisée sur deux lots de brebis *Sicilo-Sarde* différents par la saison de lutte : un lot à lutte traditionnelle de printemps donc des agnelages en septembre-octobre et un lot à lutte d'été pour avoir des agnelages en décembre-janvier. Il s'est avéré que la production laitière totale est en moyenne de 65,5 litres pour le lot d'octobre avec une durée de lactation de 172 jours ce qui donne une production journalière moyenne de 381 ml et de 66 litres pour le lot de décembre avec une durée de lactation de 105 jours ce qui donne une production journalière moyenne de 641 ml (Tableau 9).

Tableau 9: Performances de production laitière des 2 lots de brebis *Sicilo-Sarde* (Hayder, 2006)

	Lot d'octobre	Lot de décembre
PLT (l)	65,5	66
PL/j (l)	0,381	0,641
Durée de lactation (j)	172	105

PLT : production laitière totale
PL/j : production laitière journalière

3.4.2.2. Saison de traite

Le lait de brebis produit en été aura un faible rendement fromager à cause de la longue période de coagulation, la faible uniformité du lait caillé et des activités protéolytiques et lipolytiques élevées (Bencini et Pulina, 1997). Egalement, l'analyse sensorielle de l'odeur et du goût montre que les fromages faits en février sont meilleurs que les fromages faits en juin (Mendia et *al.*, 2000).

3.4.2.3. Alimentation

Le niveau d'alimentation, qui fait principalement référence au degré de satisfaction des besoins énergétiques, est le principal facteur agissant sur la production et la composition du lait des ruminants. Ainsi, chez la brebis, un niveau alimentaire élevé en début de lactation entraîne un accroissement rapide de la production de lait et le pic de lactation est précoce et élevé. Inversement, un déficit alimentaire pendant la gestation et en début de lactation conduit à un pic de lactation de faible amplitude et retardé (Bocquier et *al.,* 1999). En effet, l'ingestion se trouve limitée alors que les besoins de production sont importants d'où le recours aux réserves corporelles de la femelle (Owen, 1976).

D'après Khaldi (1983), le niveau alimentaire en fin de gestation a un effet hautement significatif uniquement chez les brebis mères de double. Une bonne alimentation durant les six dernières semaines de gestation permet l'accroissement de la production laitière de 26,9 kg à 58,8 kg et le gain de poids passe de 0 à 20% du pois vif de la brebis (Treacher, 1970). Par contre, un déficit alimentaire pendant la gestation et au début de la lactation aboutit à un pic de lactation retardé et de faible amplitude (Bocquier et al., 1999, 2000).

3.4.2.4. Photopériode

Il a été montré (Bocquier, 1985) que la photopériode pouvait modifier fortement le volume et la composition du lait des brebis laitières, alors que cet effet est très faible chez la vache laitière (Peters et al., 1978, 1981).

Bocquier et al. (1997) d'après une expérience réalisée sur des brebis *Sarde*, ont montré que les brebis en photopériode longue produisent environ 20% de plus de lait que celles qui sont en jours courts (Figure 14). De plus, le changement brutal de la durée d'éclairement a eu des effets opposés selon que la durée du jour s'est accrue ou a diminué. En effet, pour les brebis qui étaient en jours courts depuis 175 jours, l'accroissement de la durée d'éclairement a conduit à une stabilisation de la production laitière. A l'inverse, sur les brebis dont la durée d'éclairement a été diminuée de 3 h 30, la production laitière a chuté fortement.

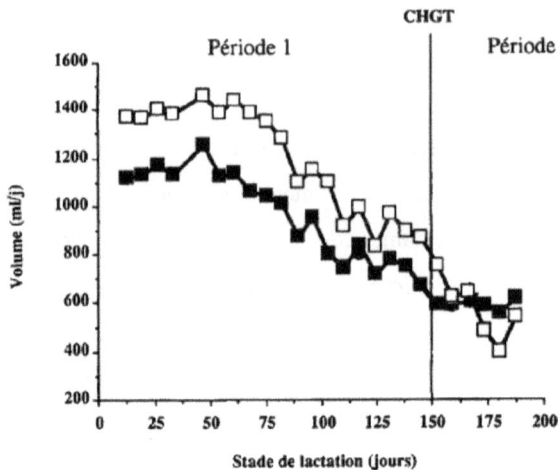

Figure 14: Evolution de la production laitière brute de brebis placées en photopériode longue (▢), ou courte (■) (Bocquier et *al.*, 1997).

(CGHT : changement de photopériode)

L'allongement artificiel de la photopériode exerce une influence réduite sur la production laitière des bovins (Peters et *al.*, 1978 et 1981) et des caprins (< 3%) (Terqui et *al.*, 1983) mais une influence assez forte chez les ovins (race *Préalpes*) à la traite (+52% et +30%), (Bocquier et *al.*, 1986). Pour cela, il faut que les régimes lumineux soient établies longtemps avant la mise-bas (-42 jours) (Bocquier, 1985) car s'ils ne sont pas établis qu'au moment de la mise-bas, ils n'affectent pas le démarrage de la lactation (Bocquier et *al.*, 1990). De plus, l'inversion brutale des traitements lumineux (jours courts vs jours longs) en cours de lactation modifie l'évolution de la production laitière, fortement chez la brebis (+34% et +12%) (Bocquier, 1985) et dans une moindre mesure chez la vache (Peters et *al.*, 1978).

Les interactions entre niveau de production laitière et performances de reproduction chez la brebis ont jusqu'ici été peu étudiées. Le phénomène est par contre très bien documenté chez la vache laitière et la lapine.

IV. Interactions entre reproduction et production laitière

4.1. Influence du niveau de production laitière sur la fertilité

Certains chercheurs ont suggéré qu'il n'existe pas d'antagonisme entre la fertilité et la production laitière chez les brebis (Barillet, 2007). D'autres ont remarqué que la production laitière est liée négativement aux performances de reproduction (Gootwine et Pollott, 2000, 2004; David et *al.*, 2008).

Chez les bovins, il a été mis en évidence dans différentes études une corrélation génétique négative entre la fertilité femelle et la production de lait (Dematawewa et Berger, 1998; Kadarmideen et *al.*, 2000; Boichard et *al.*, 2002; Wall et *al.*, 2003; Andersen-Ranberg et *al.*, 2005b; Gonzalez-Recio et *al.*, 2006). De plus, les premières estimations concernant la relation génétique entre le rendement en lait et le commencement de l'activité lutéale ont été défavorables selon Royal et *al.* (2000c). Cependant, Kerbrat et Disenhaus (2004) n'ont pas noté d'influence sur le type de profil d'activité lutéale observé, quelque soit la période post-partum considérée. Avant la mise en place de la sélection sur la fertilité, cette opposition entre production et fertilité s'est traduite par une dégradation d'environ -0,3 à -0,5 point de réussite à l'insémination chaque année sous l'effet de la sélection laitière (Boichard *et al.*, 1998). A cet effet génétique défavorable s'ajoute l'effet préjudiciable aux performances de reproduction du déficit énergétique en début de lactation bien connu et très documenté (Butler, 2001; O'Callaghan *et al.*, 2001).

La corrélation génétique estimée entre taux de réussite de l'insémination artificielle et la production laitière chez 3 races bovines : *Holstein*, *Normande* et *Montbéliarde* a été négative avec -0,32; -0,11 et -0,32 respectivement (Tableau 10).

Tableau 10: Estimations des corrélations génétiques entre taux de réussite de l'insémination artificielle et production laitière (Boichard et *al.*, 2002)

	Holstein	Normande	Montbéliarde
Quantité de lait	-0,32	-0,11	-0,32

Boichard (2003) a aussi observé une augmentation de la production laitière coïncidant avec la baisse de fertilité depuis plusieurs années (Tableau 11). En effet, l'équilibre entre le potentiel laitier et les conditions d'élevages n'est pas toujours atteint et ceci peut se faire au détriment de la fertilité (Boichard et *al.*, 2002).

Tableau 11: Baisse des taux de conception (TC1 et TC2) associé au niveau de production (Boichard et *al.*, 2002)

Niveau de production	TC1 (%)	TC2 (%)
<7500 kg	0	0
7500-10000 kg	-7,8	- 4,8
> 10000 kg	-15	- 9,8

TC1 : Taux de Conception suite à la 1ère insémination
TC2 : Taux de Conception suite à la 2ème insémination

4.2. Influence de la durée de lactation sur la fertilité

Certains auteurs ont rapporté un effet positif de la durée de lactation (Newton et *al.*, 1988; Pope et *al.*, 1989; Hamadeh et *al.*, 1996), alors que d'autres ont noté une absence de l'effet de lactation sur les performances reproductives des brebis (Hulet et *al.*, 1983).

Selon Pope et *al.* (1989), dans une recherche réalisée aux Etats Unis sur des brebis en contre saison sexuelle et bien qu'une lactation de 40 jours résulte en un retard de la date de fécondation, elle permet d'obtenir un taux de fertilité plus élevé comparativement à l'absence de lactation. De plus, une tendance à une augmentation de la fertilité et de la prolificité pour les brebis taries plus tardivement avait aussi été remarquée (Newton et *al.*, 1988).

En contre saison sexuelle, Hulet et *al.* (1983) ont montré que les brebis taries à 31 jours post-partum et mises aux béliers le même jour présentent un taux de fertilité supérieur (35,7%) en comparaison aux brebis taries à 41 jours post-partum et mises aux béliers à 31 jours post-partum (23,6%). Dans une autre expérience réalisée en saison sexuelle chez les brebis *Polypay*, Hulet et *al.* (1983) n'ont noté aucune différence de fertilité (94,6% vs 94,4%) et de taille de portée (1,73 vs 1,74) lors de la

52

comparaison d'animaux taris à 31 et 80 jours post-partum et mis aux béliers à 31 jours post-partum (intervalle entre les agnelages de 205 jours).

4.3. Influence du numéro de lactation sur la fertilité

Bien qu'il n'existe pas de résultats publiés sur les ovins, il est rapporté une influence du numéro de lactation sur la fertilité chez les bovins. Loeffler et al.(1999a) ont rapporté une baisse de fertilité à la première parité chez les bovins. La lactation, associée au déficit énergétique et à la mobilisation corporelle, perturbe la reprise de cyclicité d'abord puis la fertilité ensuite (Ponsart et al., 2007). Cette opposition s'intensifie quelque peu au cours des lactations suivantes (Boichard et al., 2002).

La fertilité décroît quasi linéairement avec le numéro de lactation (-1 à 2% par lactation); elle est généralement minimale en hiver avec un creux d'environ -2 à -5% suivant les régions; elle est très faible juste après le vêlage et s'accroît graduellement jusqu'à 60 jours post-partum, puis se stabilise ensuite, sauf en race *Holstein* où elle continue à augmenter lentement (Boichard et al., 2002).

Le Tableau 12 donne les résultats obtenus pour les primipares (1), les vaches de deuxième lactation (2) et les vaches adultes (3). En utilisant les primipares comme référence, on observe des baisses des taux de conception TC1 et TC2 de 1,1% et 3,4% pour TC1 et de 1,4% et 4% pour TC2. De plus, la baisse de fertilité s'accentue avec la parité et entre la 1ère et la 2ème insémination.

Tableau 12: Baisse de taux de conception (TC1 et TC2) associé au numéro de lactation (Boichard et al., 2002)

Numéro de lactation	TC1 (%)	TC2 (%)
1	0	0
2	-1,1	-1,4
3+	-3,4	-4

TC1 : Taux de Conception suite à la 1ère insémination
TC2 : Taux de Conception à la 2ème insémination

La recherche au niveau de l'examen de la relation génétique entre la persistance dans chaque lactation et autres caractères d'importance dans le cadre de l'amélioration de bovins laitiers est limitée. Récemment, en 2008, une thèse doctorale portant sur les relations entre la persistance, la reproduction et la production laitière a été complétée par *Bethany Muir* à l'Université de Guelph. Un des points intéressants soulevés de cette recherche est celui de la relation entre la fertilité et la facilité de vêlage avec la persistance. Dans l'ensemble, les vaches qui commencent leur première lactation à la suite d'un vêlage difficile auront tendance à avoir une lactation plus persistante (corrélation génétique de 43%), puisqu' elles ont un début de lactation inférieur et donc un pic moins élevé et retardé comparativement aux vêlages faciles. D'un côté plus positif, les vaches en première lactation dotées d'une persistance élevée ont tendance à avoir un meilleur taux de conception à l'intérieur des 56 jours après leur première insémination (corrélation génétique de 32%). En terme de production laitière, cette même recherche démontre que les rendements supérieurs à 305 jours en première lactation étaient génétiquement associés avec les pics de lactation retardés (corrélation de 63%) et un intervalle plus long entre le premier et le deuxième vêlage (corrélation de 51%). Il vaut aussi la peine de mentionner qu'aucune relation génétique n'a été identifiée entre les rendements de 305 jours et la fertilité en première lactation.

Pour certains (Disenhaus *et al.*, 2002), la production laitière corrigée à 4% de matière grasse entre la septième et la dixième semaine de lactation ainsi que le bilan énergétique entre la septième et la dixième semaine sont des facteurs de risque d'une inactivité ovarienne prolongée. En revanche, si la production laitière est corrigée à 4% de matière grasse lors des 3 premières semaines, elle est également un facteur de risque de survenue d'anomalies de cyclicité. Une autre étude (Opsomer *et al.*, 2000) confirme que la production laitière corrigée à 4% de matière grasse des 100 premiers jours post-partum n'est pas un facteur de risque ni d'une inactivité ovarienne prolongée, ni de la survenue d'une phase lutéale prolongée. En revanche pour eux, un faible taux protéique lors des 100 premiers jours de la lactation, reflet d'un bilan énergétique déficitaire, est un facteur de risque d'une inactivité ovarienne prolongée.

Il a été aussi démontré que le numéro ou « rang de lactation » est associé au taux de gestation. En effet, certains auteurs ont observé que le taux de conception diminue lorsque le rang de lactation augmente en particulier lorsque le nombre de lactations est supérieur à 4 (Grimard et *al.*, 2006). Ceci est en accord avec les observations de Santos et *al.* (2004) qui ont montré que les primipares ont un taux de conception à J_{31} de 45,9% contre 41,5% pour les multipares. De même, Chebel et *al.* (2004) ont montré que les pertes embryonnaires entre J_{21} et J_{42} après insémination sont plus élevées chez une vache multipare que chez une primipare. Ils précisent que cela peut être partiellement expliqué par une incidence plus élevée de maladies post-partum chez les vaches multipares (14,9% contre 6,2% pour les primipares). Or ces maladies sont responsables d'une diminution du taux de conception.

D'après Humblot (1986), les fréquences de mortalités embryonnaires précoce (MEP) et tardive (MET) augmentent toutes les deux avec le rang de lactation en passant respectivement de 29,3 à 37,5 et de 13 à 17,5 entre la 1ère et la 4ème lactation (Tableau 13).

Tableau 13: Fréquences de mortalités embryonnaires en fonction du numéro de lactation (Humblot, 1986)

Numéro de lactation	1	2	3	4
MEP	29,3	31	31	37,5
MET	13	15	15	17,5

MEP : Mortalité Embryonnaire Précoce
MET : Mortalité Embryonnaire Tardive

4.4. Influence de la durée d'allaitement sur la fertilité

L'allaitement est l'un des facteurs qui jouent un rôle majeur dans le cycle de reproduction des femelles (McNeilly, 1989; Foxcroft, 1992). Des recherches ont aussi montré que l'allaitement est l'un des facteurs majeurs inhibiteurs du retour à l'œstrus (Restall, 1971; Lewis et Bolt, 1987). Il est aussi important de signaler qu'un allongement de la durée d'allaitement augmente significativement l'intervalle au premier oestrus et entre les agnelages (Fogarty et *al.*, 1992).

Plusieurs chercheurs, tels que Mandiki et *al.* (1989) et Schirar et *al.* (1989), ont démontré un effet significatif du sevrage à la naissance sur l'intervalle entre l'agnelage et le premier œstrus. Effectivement, l'intervalle au premier œstrus en saison sexuelle est plus court chez les brebis taries (22 jours ± 2) que chez les brebis allaitantes (35 jours ± 2) (Schirar et *al.*, 1989).

De même, en contre-saison sexuelle, les brebis *Texel* ont montré leur premier œstrus post-partum 75 jours et 55 jours respectivement pour celles en lactation et celles taries à l'agnelage. En général, il est admis que le retour de l'activité ovarienne en saison sexuelle se réalise à l'intérieur d'une période de 3 à 5 semaines post-partum pour des brebis taries à l'agnelage et que ce délai est augmenté de 3 semaines lorsque les brebis allaitent (McNeilly, 1989).

Bien que ce facteur ne concerne pas les vaches laitières, il peut être intéressant de mentionner qu'une vache allaitante a 8,1 fois plus de probabilité d'être en anoestrus à 60 jours post-partum qu'une vache tarie. En revanche, le type d'allaitement (libre ou biquotidien) n'a pas d'effet significatif (Ducrot *et al.,* 1994). Cette différence n'est pas seulement due à l'arrêt de la lactation, puisque les vaches traites présentent une première ovulation plus précoce que les vaches allaitants. Il semblerait que ce soit les stimuli visuels, auditifs et olfactifs de la mère qui allongent l'intervalle entre le vêlage et la première ovulation. En effet, la fréquence et l'amplitude des pics de LH augmentent dans les 4 jours qui suivent le sevrage. De plus, l'allaitement inhibe le rétrocontrôle positif exercé par l'œstradiol sur la sécrétion de LH dans les semaines qui suivent vêlage. Enfin, le nombre de récepteurs à la LH est plus important dans les follicules de vaches sevrées que dans ceux de vaches tétées, et le nombre de gros follicules et la sécrétion d'œstradiol sont plus élevés chez des vaches sevrées que chez des vaches tétées (Grimard et Humblot, 1996). Il pourrait également y avoir un effet du taux plasmatique en corticostéroïdes endogènes qui est supérieur chez des vaches tétées par rapport à des vaches sevrées, notamment sur la fréquence et l'amplitude des pics de LH.

De même, la reprise de l'activité cyclique chez des vaches tétées est plus longue que celle des vaches traites, elle-même plus tardive que celle des vaches taries (Petit et al., 1977). Il y a donc une influence double de la lactation et de la stimulation mammaire sur l'initiation des premières ovulations (Thibier et al., 1982). Plus précisément, l'allaitement retarde la reprise de l'activité ovarienne en différant le moment ou la fréquence et l'amplitude de la sécrétion tonique de LH, en diminuant la sensibilité hypophysaire à la GnRH et en inhibant le rétro-contrôle positif de l'œstradiol sur la libération de LH (Kabandana, 1995). Lorsqu'une vache de race à viande est traite, la durée de l'anoestrus post-partum est proche de celle de la vache laitière (Mialot et Badinand, 1985).

4.5. Influence de la présence de corps jaune sur la production laitière

Certains auteurs ont émis l'hypothèse que la présence du corps jaune chez les brebis laitières pourrait avoir une incidence sur la production laitière. Pour cela, deux études ont été réalisées sur des brebis *Lacaune* superovulées (Labussière et al., 1993, 1996).

Labussière et al. (1993) ont analysé la production des brebis ayant 0, 1, 2, 3, 4, 5, 6 ou > 6 corps jaunes issus de traitements hormonaux variés. Ils ont observé alors une relation positive entre le nombre de corps jaunes et la quantité de lait produite: le groupe ayant plus de 6 corps jaunes a significativement plus de lait que celui à 0 corps jaune.

Plus tard en (1996), Labussière et al. ont utilisé des brebis non traitées, traitées avec une éponge de progestagène ou traitées avec une éponge de progestagène et superovulées avec FSH et LH. Les brebis superovulées ont eu la meilleure production laitière (+11,3%), impliquant encore l'existence d'un effet du corps jaune sur le rendement laitier.

Mckusick et al. (2002), ont étudié également les effets du potentiel lutéal sur la production laitière des brebis. Pour cela, des brebis de race *Frisonne* en lactation ont été synchronisées par la progestérone intravaginale, PGF2α et les gonadotropines. Ainsi et suite à divers traitements, la production laitière la plus élevée (1,56 vs 1,44 l/j/brebis) a été attribuée aux brebis à corps jaune et plus précisément à celles ayant en moyenne 2,4 corps jaunes.

4.6. Influence de la mise-bas sur la lactation suivante

Les anomalies de parturition entrainent des chutes de production laitière. Les difficultés de mise-bas sont d'autant plus fréquentes que la durée du tarissement est plus courte. Ceci est d'autant plus sensible selon Dias et Allaire (1982) que les animaux sont jeunes, à haut niveau de production et à faible persistance laitière. C'est le cas aussi des mises-bas prématurées : en effet, la production laitière est d'autant plus faible que la gestation est plus courte (Swanson et al., 1972).

4.7. Influence de la production laitière sur l'ovulation

La première ovulation suivant le vêlage est de plus en plus tardive dans les troupeaux de vaches laitières hautes productrices: en effet, plus la production laitière est élevée, plus le taux de cyclicité est faible à date fixe au cours du post-partum. Ce délai supérieur pour les hautes productrices semble être lié à un déficit plus important de la balance énergétique, ce qui a des répercussions sur la sécrétion de LH (Opsomer et al., 2000).

4.8. Influence de la production laitière sur le taux de gestation

De nombreuses études se sont intéressées à l'influence de la production laitière sur le taux de gestation soit par l'intermédiaire de la production au pic (Mialot et al., 1998; Vignier, 1999 ; Aeberhard et al., 2001), soit au moment du traitement (De Fontaubert, 1986), soit au moment de l'insémination artificielle (Ryan et al., 1995), soit par rapport à la production moyenne (Darwash et al., 1997). Certaines études ont conclu qu'il n'y a pas d'effet significatif de la production laitière sur le taux de gestation, même si les résultats de gestation semblent inférieurs pour les plus fortes productrices (Ryan et *al.*, 1995; Darwash et *al.*, 1997; Vignier, 1999 ; Aeberhard et *al.*, 2001).

En revanche, Mialot et *al.* (1998) ont trouvé une différence significative du taux de gestation selon le niveau de production : 30,8% pour les fortes productrices contre 52% pour les plus faibles (p=0,01). De même, une augmentation des mortalités embryonnaires a été notée chez les femelles hautes productrices (18,7% pour les vaches produisant plus de 39 kg de lait par jour contre 13,5% pour les classes de production moyenne ou faible (p<0,03). Cet effet défavorable de la production laitière élevée étant essentiellement observé chez les femelles en bon état au moment de l'insémination artificielle (Pinto et *al.*, 2000). Aussi, Grimard et *al.* (2006) ont observé que le taux de gestation diminue significativement lorsque la production laitière augmente et lorsque l'index de mérite génétique (INEL) augmente (>27 points). Une explication possible serait que l'augmentation de la production laitière s'accompagne d'une augmentation du métabolisme ce qui pourrait influencer les concentrations périphériques en stéroïdes. Cela peut alors être responsable d'une augmentation plus lente des concentrations en progestérone pendant le début de dioestrus et donc de mortalité embryonnaire. Humblot (2001) ajoute que la diminution du taux de fertilité pour les vaches à fort INEL est due à une forte augmentation de la mortalité embryonnaire précoce.

4.9. Influence de la prolificité sur la production laitière

Selon les résultats de Baelden et *al.*, (2005) sur les races *Lacaune* et *Manech Tête Rousse*, les corrélations génétiques entre la production laitière et la prolificité oscillent entre -0,20 et +0,11 avec des erreurs-standards variant de 0,02 à 0,09. Autrement dit, les relations génétiques entre la prolificité et la production laitière sont proches de zéro. Ceci concorde avec les résultats de Barillet *et al.* (1988) sur les premières mises-bas de brebis *Lacaune* (+0,16), Kominakis *et al.* (1998) en race *Boutsico* (+0,13), de Lidga *et al.* (2000) sur des brebis *Chios* (+0,03) et de Hamann *et al.* (2004) sur des brebis de race *Frisonne* (+0,04).

Il semble donc que les performances de reproduction soient influencées par les paramètres de production laitière (quantité produite, numéro de lactation, etc), bien que la documentation soit assez pauvre concernant les ovins. Pour cela, une étude expérimentale ayant pour objectif de vérifier la relation qui pourrait exister entre ces deux paramètres, s'avère nécessaire.

Cette étude est d'autant plus importante qu'à l'heure actuelle la *Sicilo-Sarde* est en cours d'être croisée avec la race *Sarda*. Potentiellement, les niveaux de production laitière seront plus élevés, par contre y aurait-il des conséquences sur la reproduction ?

Partie expérimentale

Objectif

Ce travail a pour but d'étudier la relation qui pourrait exister entre la production laitière et les performances reproductives des brebis *Sicilo-Sarde*. Pour cela, trois approches sont mises en œuvre :

Dans un premier temps, les interactions entre production laitière et reproduction ont été étudiées en se référant à la base de données du contrôle laitier. Ceci a servi à quantifier pour la race étudiée les paramètres de production laitière et leurs sources de variation, les paramètres de la reproduction et les interactions entre les deux groupes de paramètres.

Lors des deux dernières parties, cette relation a été investiguée d'un point de vue physiologique à travers :

➤ La détermination à un moment donné du taux de femelles cycliques par classe de niveau de production laitière, et ceci en utilisant le dosage de la progestérone dans le lait.

➤ L'étude de l'aptitude des femelles préalablement classées selon leurs niveaux de production laitière à être fécondées par insémination artificielle

I. Matériel et méthodes

1.1. Base de données

1.1.1. Origine des données

La collecte des données a été effectuée avec l'appui de l'Office de l'Elevage et des Pâturages de Sidi Thabet, Béja et Mateur. Il s'agit des données du contrôle laitier officiel de type A4, réalisé toutes les quatre semaines dans quelques exploitations laitières dans le cadre du programme d'amélioration génétique des ovins en Tunisie. Trois exploitations ont fait l'objet de notre étude:

➢ la ferme Gnadil du gouvernorat de Béja,

➢ la ferme pilote Frétissa et l'agro-combinat Ghzéla-Mateur du gouvernorat de Bizerte.

Elle a porté sur 7 troupeaux ovins laitiers de race *Sicilo-Sarde* (Tableau 14) et ceci durant 5 campagnes agricoles successives : 2004/2005, 2005/2006, 2006/2007, 2007/2008 et 2008/2009. Le choix des exploitations revient essentiellement à la taille du troupeau ovin *Sicilo-Sarde* et la disponibilité des données. Ainsi, notre travail a porté sur 6866 observations (dont 4334 lactations et 2532 relatives aux brebis vides) concernant l'étude de la production laitière, et de 2789 observations concernant celle de la fertilité des brebis.

Tableau 14: Répartition des troupeaux dans les fermes

Ferme	Nombre de troupeaux
Gnadil	2
Frétissa	1
A/C Ghzéla	4

1.1.2. Description des exploitations

Les exploitations source de données du présent travail sont :

➢ La ferme pilote Frétissa : la ferme est décrite ci-dessous.

➢ L'Agro-combinat Ghzéla-Mateur : il représente une unité de production de l'Office des Terres Domaniales (OTD). Il se localise dans la délégation de Mateur et plus précisément au bassin d'Ichkeul, à 66 km du Nord de la capitale. L'exploitation de Ghzéla dispose de 4 fermes dont la Surface Agricole Totale est de 5583 ha (Tableau 15). Le cheptel ovin est logé dans sept bergeries d'une capacité de 250 têtes chacune réparties sur deux fermes seulement : Ras El Aïn (2 bergeries) et Bakhraya (5 bergeries).

Tableau 15: Répartition des fermes selon la Surface Agricole Utile (SAU)

Ferme	SAU (ha)
Zerig	1078
Oued Mseken	1200
Bakhraya	1395
Ras El Aïn	1910
Total	**5583**

➢ Ferme Gnadil : cette ferme appartient au secteur des Unités Coopératives de Production Agricole (UCPA) et figure parmi celles qui n'ont pas été touchées par la restructuration. Elle se situe au Nord-Ouest de la Tunisie, à 90 km de la capitale et à 10 km de l'Est de Béja. Elle couvre 818 ha dont 739 ha sont utiles. L'élevage ovin compte 544 unités femelles. Le système d'élevage est semi-intensif caractérisé par une alimentation basée sur des parcours améliorés, des résidus de récolte des céréales et des complémentations en aliments concentrés.

Photo 2: Localisation géographique des régions de Mateur et Béjà.

1.1.3. Conditions climatiques

Les régions de Mateur et Béja appartiennent à l'étage bioclimatique sub-humide caractérisé par une pluviométrie supérieure à 550 mm et des précipitations mensuelles ou saisonnières irrégulières ; 30,4% des précipitations annuelles sont observées en Automne ; 45,6% en Hiver ; 22,1% au Printemps et 1,7% en Eté. Le climat est froid en hiver et chaud en été ; la température moyenne varie de 11,2 °C (février) à 26,2 °C (août).

Le vent est abondant dans les deux régions, il provient du Nord-Ouest et devient intense de point de vue vitesse en période hivernale. La gelée est un phénomène rare dépendant de l'intensité des températures lors de la saison hivernale. La fréquence de manifestation de l'orage est régulière, à l'origine des premières pluies d'automne. La période de manifestation du Sirocco se limite à la saison estivale et n'a aucune incidence négative sur les cultures conduites sous régime pluvial. La rosée figure parmi les accidents climatiques les plus fréquents constituant un milieu favorable pour la prolifération de certaines maladies.

1.1.4. Données de base

Le fichier de base utilisé dans cette étude comprend pour chaque brebis en lactation les informations suivantes :

- ➤ Code ferme
- ➤ Code secteur
- ➤ Numéro troupeau
- ➤ Identification brebis
- ➤ Date de lutte
- ➤ Date de mise bas
- ➤ Mode d'agnelage
- ➤ Numéro de lactation
- ➤ Fertilité (0,1)
- ➤ 5 contrôles laitiers avec les dates correspondantes

1.1.4.1. Paramètres de la production laitière et leurs calculs

Les paramètres de la production laitière étudiés sont :

- ➤ La production laitière totale (PLt)
- ➤ La production laitière journalière (PLj)
- ➤ La durée de traite (DT)

Détermination de la production laitière totale

L'estimation de la production laitière totale d'une brebis durant la période de traite est obtenue par l'application de la méthode de *Fleishmann* comme suit :

$$Y = (y_1 * 14) + \sum_{i=2}^{I=n} Ii \; \frac{yi+yi-1}{2} + (y_n * 14)$$

Avec,

Y : production laitière totale au cours de la traite
y1 : production laitière du 1er contrôle
yi : production laitière du contrôle i
Ii : intervalle en jours entre les contrôles i-1 et i
14 : moitié de l'intervalle en jours entre 2 contrôles consécutifs
yn : production laitière du dernier contrôle.

Cette formule a été appliquée pour les brebis ayant au moins 3 contrôles laitiers.

Détermination de la production laitière journalière

La production laitière journalière (PLj) est obtenue comme suit :

$$PLj = PLt / DT$$

Avec,

PLt : production laitière totale
DT : durée de traite

Détermination de la durée de traite

La durée de traite (DT) a été calculée comme suit :

$$DT = (DDC - DC_1) + 28$$

Avec,

DDC : date du dernier contrôle laitier
DC_1 : date du premier contrôle laitier
28 : intervalle entre 2 contrôles successifs (méthode A4). On considère la moitié (14) avant le premier contrôle et la moitié (14) après le dernier contrôle.

1.1.4.2. Paramètres de la reproduction et leurs estimations

Fertilité

Ce paramètre est considéré comme un événement individuel relatif à chaque brebis dont la mesure est binaire :

> ➢ La valeur 0 : brebis vide

➤ La valeur 1 : brebis ayant mis bas

Taille de la portée

Elle est estimée à partir du mode d'agnelage. Les naissances triples et quadruples, en raison de leur faible fréquence, ont été regroupées avec les doubles.

Intervalle lutte-saillie

C'est l'intervalle qui sépare la date de saillie (DS) et la date de démarrage de la lutte (DL). DS a été estimé comme suit :

$$DS = DMB - 150$$

Avec,

DS : date de saillie
DMB : date de mise bas
150 : durée moyenne de gestation (prise comme constante)

1.1.5. Edition du fichier de base

Toutes les données collectées ont été saisies dans un tableau Excel puis analysées avec le logiciel SAS (Statistical Analysis System) (Version 9.1) via les procédures FREQ et MEANS, ce qui nous a permis de procéder à quelques restrictions qui sont les suivantes :

➤ 42 9èmes lactations, 12 10èmes lactations et une 11ème lactation ont été regroupées avec les 8èmes lactations.

➤ 24 lactations de brebis donnant des triples et 3 lactations de brebis donnant des quadruples ont été regroupées avec les brebis donnant des doubles.

➤ Les lactations des mises bas du mois de décembre (154) ont été regroupées avec celles de novembre et celles du mois d'août (180) avec celles du mois de septembre.

Durée d'allaitement

La durée moyenne d'allaitement est de 102,8 j, elle a variée de 31 à 228 j avec un écart-type de 28. Cette durée a été regroupée en 4 classes comme suit :

➢ Classe 1 : durée d'allaitement inférieure à 80 j
➢ Classe 2 : durée d'allaitement située entre 80 et 99 j
➢ Classe 3 : durée d'allaitement située entre 100 et 120 j
➢ Classe 4 : durée d'allaitement supérieure à 120 j

Intervalle lutte-saillie

L'intervalle lutte saillie moyen est de 15,25 j ($\pm$11,76), c'est pourquoi on a choisit de le regrouper en 4 classes comme suit :

➢ Classe 1 : intervalle lutte-saillie inférieur à 5 j
➢ Classe 2 : intervalle lutte-saillie situé entre 5 et 15 j
➢ Classe 3 : intervalle lutte-saillie situé entre 15 et 25 j
➢ Classe 4 : intervalle lutte-saillie supérieur à 25 j

Les effets contrôlés

Nous n'avons retenu pour notre étude que les brebis disposant d'un minimum de trois contrôles laitiers : 3707 lactations concernant 1912 brebis au cours des cinq années parmi les 6866 observations (dont 4334 lactations de départ) réparties dans le Tableau 16:

Tableau 16: Données de base par classe d'effets contrôlés

Période		2004-2009
Nombre de lactations		3707
Nombre de brebis		1912
Ferme		
	AD45	858
	BF02	889
	BF25	1960
Troupeau		
	1	490
	2	964
	3	1327
	4	603
	5	323
Année de mise bas		
	2004	667
	2005	708
	2006	865
	2007	696
	2008	771
Mois de mise bas		
	Septembre	2689
	Octobre	634
	Novembre	384
Numéro de lactation		
	1	704
	2	710
	3	626
	4	672
	5	460
	6	288
	7	141
	8 et +	106
Mode de mise bas		
	Simple	2424
	Double	1283
Classe de durée d'allaitement		
	1	903
	2	989
	3	827
	4	988

1.1.6. Modèle d'analyse

1.1.6.1. Production laitière

Pour analyser les facteurs de variation des caractères laitiers étudiés, nous avons utilisé la procédure GLM (General Linear Model) du logiciel SAS. Le modèle linéaire fixe suivant a été adopté :

$$Y_{ijklmn} = \mu + Fer_i + Trp_j\,(Fer_i) + Mois_k + NL_l + DA_m + A_n + e_{ijklmn}$$

Avec,

$Y_{ijklmno}$: Caractère laitier de la $n^{ème}$ lactation (PLt, PLj et DT)

μ : moyenne générale

Fer_i : effet de la $i^{ème}$ ferme (i= 3 niveaux)

$Trp_j\,(Fer_i)$: effet du $j^{ème}$ troupeau intra i ^{ème} ferme (j= 5 niveaux)

$Mois_k$: effet du $k^{ème}$ mois de mise bas (k= 3 niveaux)

NL_l : effet du $l^{ème}$ numéro de lactation (l= 8 niveaux)

DA_m : effet du $m^{ème}$ classe de durée d'allaitemant (m= 4 niveaux)

A_n : effet de la $n^{ème}$ année de mise bas (n= 5 niveaux)

e_{ijklmn} : erreur

Tous les effets du modèle sont fixes sauf l'erreur est aléatoire. Outre les sources de variation, les solutions des moindres carrées issues du modèle et relatives aux facteurs numéro de lactation et durée d'allaitement ont été utilisées pour dégager leurs effets nets respectifs.

1.1.6.2. Interaction production laitière - reproduction

L'objectif de notre travail étant d'étudier l'effet du niveau de la production laitière totale et l'effet de la production laitière journalière de la campagne i-1 sur la fertilité de la campagne i. On s'est alors intéressé aux brebis gravides au niveau de chaque ferme de la campagne i ainsi que leur production laitière de la campagne i-1. L'effectif finalement utilisé est de 1736 observations. Les données sélectionnées ont été analysées par la procédure « Proc Logistic » du logiciel SAS ayant pour principe de régresser une variable quantitative, la production laitière totale et la production laitière journalière au cours de la campagne i-1, sur une variable binaire à savoir la fertilité de la campagne i. Le modèle suivant a été utilisé :

$$Y_{ij} = a + bX_i + e_{ij}$$

Avec,

Y_{ij} : fertilité de la campagne n

a : ordonnée à l'origine (Intercept)

b : coefficient de régression

X_i : production laitière exprimée en lait total (PL_t) ou en lait journalier (PL_j)

e_{ij} : erreur

1.2. Essai expérimental

1.2.1. Monographie de l'exploitation agricole

Historique et localisation géographique

L'essai expérimental s'est déroulé à la ferme pilote Frétissa. La ferme appartient à la délégation de Mateur (gouvernorat de Bizerte) et se trouve à 70 km du Nord- Ouest de la capitale. Sa Surface Agricole Totale est de 755 ha dont 697 ha sont mis en culture (Surface Agricole Utile). Elle possède 206 brebis *Sicilo-Sarde* durant la campagne 2009/2010. La création de la ferme date de 1968 dans le cadre d'une coopération technique Tuniso- Belge. Cette convention a duré 15 ans (1969-1984) suite à laquelle la direction a été attribuée à l'OEP. L'amélioration des niveaux de production en matière de fourrage, de production laitière et de viande ont constitué les principaux axes de recherche objet de convention Recherche-Développement menée à Frétissa.

Conditions climatiques

La ferme Frétissa appartient à l'étage bioclimatique sub-humide caractérisé par une pluviométrie moyenne dépassant 550 mm. Cette pluviométrie qui a atteint 636 mm au cours de cette campagne a été caractérisée par son irrégularité par rapport à celle calculée sur 30 ans surtout aux mois de septembre, novembre et décembre (Figure 15).

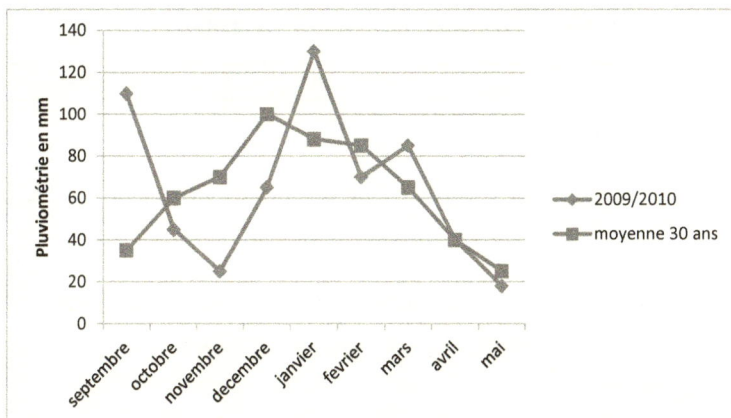

Figure 15: Variation mensuelle de la pluviométrie dans la zone d'étude.

La température de la région marque sa valeur la plus élevée au mois d'août avec 33,2 °C et sa valeur la plus basse au mois de février avec 6,1 °C.

<u>Ressources hydriques</u>

La ferme dispose de 2 puits superficiels :

> ➤ L'un sert pour subvenir aux besoins d'eau des animaux de la ferme,
> ➤ l'autre n'est plus utilisé en raison de la pollution de ses eaux ainsi que de son faible débit.

Elle dispose aussi d'un lac collinaire créé au début des années 90 ayant une capacité de 700 000 m³.

<u>Nature du sol</u>

Il existe 3 types de sols au niveau de la ferme à dominance argileuse (Tableau 17). La zone sableuse ne s'étend que sur 28 ha et les parties hautes de la ferme sont dominées par des sols calcaires. Les sols sont fertiles à profondeur de 40 à 60 cm avec quelques croûtes calcaires. Le PH= 7 et la salinité varie de 2,5 à 5 g/l.

Tableau 17: Répartition des sols selon la texture

Nature du sol	Superficie (ha)	% SAT
Argileux	625	82,8
Calcaire	102	13,6
Sableux	28	3,52

Occupation du sol

La superficie totale de la ferme est de 755 ha dont 697 ha de superficie agricole utile (SAU). Le reste soit 58 ha est utilisé pour des services divers (construction, voies agricoles…).

Spéculation végétale

La ferme pratique un assolement quadriennal céréales/légumineuses/fourrages (Tableau 18).

Tableau 18: L'assolement pratiqué à Frétissa

Culture	Superficie (ha)
1ère sole	
Sulla 2ème année	55
Betterave fourragère	05
Féverole	57
	117
2ème sole	
Blé dur	128
Blé tendre	63
	191
3ème sole	
Avoine	27,5
Triticale	29
Foin d'avoine	75
	131,5
4ème sole	
Ensilage de sorgho fourrager	79
Ensilage d'avoine	50
Ray –grass en vert	10
	139
Cultures hors assolement	
Sulla 1ère année	8,5
Luzerne	12
Fétuque	98
	118,5
Total	**697**

Les céréales primaires (blé dur et blé tendre) occupent la superficie la plus importante (27% SAU) suivis par les fourrages représentant 20% de la SAU, les céréales secondaires (19% SAU) et enfin une part égale pour les légumineuses et les cultures hors assolement avec 17% de la SAU chacune (Figure 16).

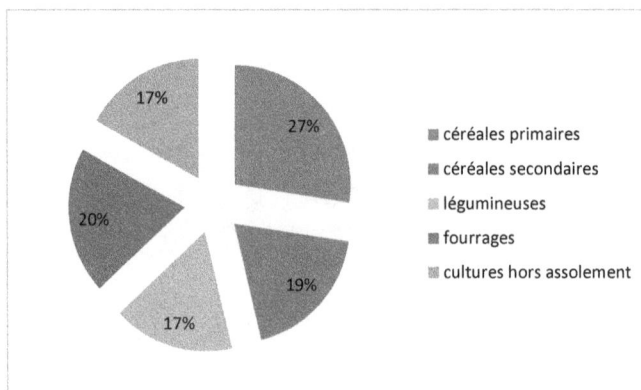

Figure 16: Répartition de la surface agricole utile de la ferme.

Spéculation animale

La ferme pilote est caractérisée par la diversité de sa spéculation animale. Ainsi, on y trouve l'élevage bovin laitier et d'engraissement et l'élevage ovin laitier et à viande.

* L'élevage bovin

La production laitière est la vocation principale de la ferme. Le troupeau est composé de vaches laitières, génisses, taurillons destinés à l'engraissement et des veaux (Tableau 19) :

Tableau 19: Evolution de l'effectif bovin durant la campagne 2009/2010

Catégorie	Effectif au début de la campagne	Vêlages	Ventes	Changement de catégorie	Mortalités	Effectif à la fin de la campagne
Vaches	167		46	+28	11	138
Génisses	81		52	-28+37	1	37
Velles	56	74	2	-37	6	85
Veaux	30	47	34	-34	1	8
Taurillons d'engraissement	33		32	+34	0	35
Total	367	121	166	00	19	303

Les vaches sont disposées dans les étables en fonction de leurs niveaux de production laitière :

> ➢ Stabulation sur aire paillée : pour les vaches hautes productrices
> ➢ Stabulation libre sur caillebotis : pour les vaches de moyenne production
> ➢ Stabulation entravée sur stalle courte : pour les vaches taries et les génisses pleines.

L'élevage des taurillons d'engraissement figure aussi parmi les principales activités d'élevage de la ferme. Ces taurillons sont logés dans un étable en stabulation entravée. Ils ont une moyenne de croissance journalière de 1000 à 1200 g et sont vendus à un poids variant entre 400 et 450 kg.

La ferme dispose également d'une salle de traite de type MELOTTE en épi 9*9, d'une laiterie comportant un tank à lait de capacité de 2000 l et d'une aire d'attente de superficie de 54 m2 et de capacité de 64 vaches.

* L'élevage ovin

L'élevage ovin est l'une des principales activitées de la ferme. Il est représenté par deux races :

> ➢ La race *Noire de Thibar* (race à viande) : l'effectif est de 277 têtes logées dans une bergerie de superficie de 500 m².
> ➢ La race *Sicilo-Sarde* (race laitière) : l'effectif comprend 206 têtes logées dans une bergerie de superficie de 1040 m² et réparties comme indiqué dans la Figure 17.

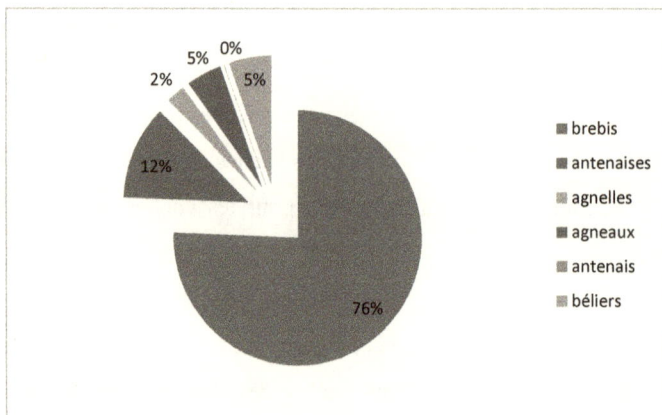

Figure 17: Répartition de l'effectif ovin *Sicilo-Sarde*.

Ligne de conduite

La tonte et le bain anti-galeux sont pratiqués au mois d'avril. La lutte est un peu tardive ; elle débute au mois de juin et se termine en août. Les agnelages s'étalent du mois d'octobre au mois de janvier avec des pics de mise-bas en novembre-décembre. La traite commence le 15 janvier pour s'arrêter le 15 juin soit une durée de 152 j. L'alimentation est basée sur le pâturage des chaumes pendant l'été ; celui-ci est capable de satisfaire les besoins d'entretien. Le pâturage sur des cultures installées débute pour la plupart du temps en octobre et prend fin toujours en avril. La durée d'utilisation de la paille s'étale du mois de janvier au mois d'avril. Pour le concentré, son utilisation n'est pas systématique (Figure 18).

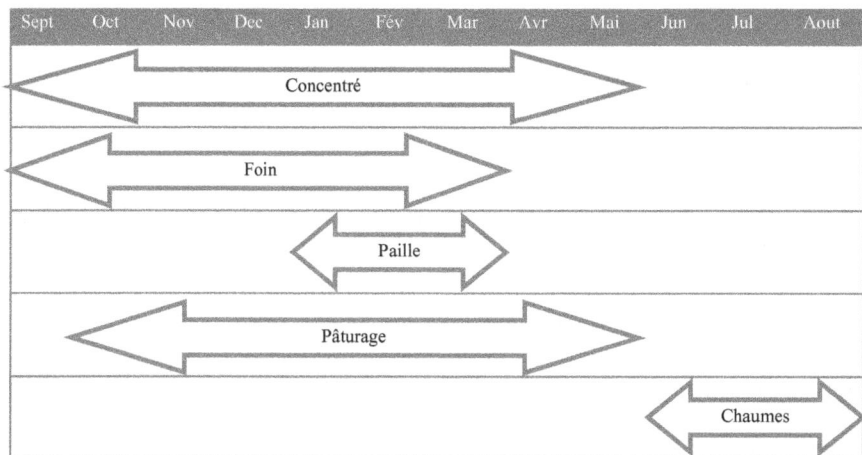

Figure 18: Calendrier alimentaire des ovins dans la ferme.

1.2.2. Matériel animal

Suite au troisième contrôle laitier, toutes les brebis laitières *Sicilo-Sarde* (206 brebis) présentes au cours de la campagne 2009/2010 ont été classées en fonction de leur production laitière moyenne journalière corrigée (Annexe 1). Ainsi, on a choisi 67 brebis réparties en 2 lots (Tableau 20):

➢ Les hautes productrices : 23 brebis
➢ Les moyennes productrices : 44 brebis

Tableau 20: Production laitière journalière des brebis de chaque catégorie

Catégorie	Production laitière minimale (ml)	Production laitière maximale (ml)	Production laitière moyenne (ml)
Hautes productrices	1677,37	2320,45	1998,9
Moyennes productrices	560	1286,39	978,45

1.2.3. Protocole expérimental

1.2.3.1. Détermination du taux de cyclicité en fontion du niveau de production laitière

1.2.3.1.1. Prélévements des échantillons de lait

Deux prélèvements ont été réalisés sur 67 brebis, et ceci lors de la traite de l'après midi (15h); le premier prélèvement a été effectué le 22/04/2010 et le second le 03/05/2010 soit à un intervalle de 11 j. Ainsi, à chaque brebis correspond deux échantillons de lait conservé chacun dans un flacon portant son numéro et contenant du bichromate de potassium (K_2 Cr_2 O_7) à une température de -20 °C jusqu'au moment du dosage.

1.2.3.1.2. Dosage de la progestérone

Il s'agit d'un dosage radioimmunologique (RIA). Le premier dosage a été réalisé le 24/08/2010 sur 64 échantillons et le deuxième le 26/08/2010 sur 59 échantillons.

Principe

C'est un dosage radioimmunologique par compétition (Immunotech®, France). Les échantillons et/ou les calibrateurs à doser sont incubés dans des tubes recouverts d'anticorps avec un traceur progestérone marqué à l'iode 125. Au cours de l'incubation, il y a compétition entre la progestérone marquée à l'iode 125 et la progestérone de l'échantillon vis-à-vis des sites de l'anticorps. L'anticorps étant fixé sur la paroi des tubes en polypropylène, après incubation, il suffit d'éliminer le surnageant par décantation pour isoler facilement la fraction radioactive liée à l'anticorps. Le tube est ensuite déposé sur un compteur gamma, les coups par minute (cpm) étant inversement proportionnels à la concentration de progestérone présente dans l'échantillon qui sera déterminée à l'aide d'une courbe standard.

Mode opératoire

L'opération du dosage passe par trois principales étapes :

* Etape 1 : Répartition

Dans les tubes numérotés et recouverts d'anticorps, on distribue successivement 50 µL de calibrateur ou d'échantillon et 500 µL de traceur puis on agite. Les calibrateurs sont au nombre de 6 comme indiqué dans le Tableau 21:

Tableau 21: Caractéristiques des calibrateurs utilisés dans le dosage de la progestérone

Calibrateurs	Progestérone (ng/ml)
0	0
1	0,11
2	0,5
3	1,75
4	9,6

* Etape 2 : Incubation

L'incubation des échantillons de lait dure 1 h à une température de 18- 25 °C sur un agitateur horizontal-orbital à la vitesse de 350 tours/minute (Photo 3).

* Etape 3 : comptage

La décantation de chaque tube est suivie du comptage des cpm liés (B) et cpm totaux (T) à l'aide d'un compteur gamma (PC – RIA.MAS Stratec ©) (Photo 4). Une courbe standard est ainsi obtenue.

Photo 3: Incubation des échantillons.   **Photo 4:** Compteur gamma.

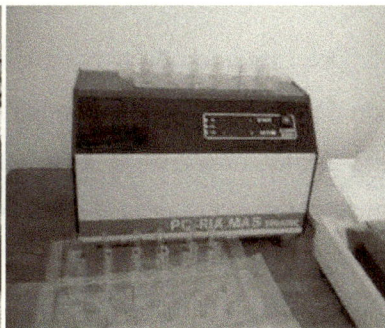

<u>Courbe standard moyenne et paramètres de qualité</u>

La courbe standard obtenue est une moyenne des 2 essais réalisés pour la détermination des concentrations en progestérone dans le lait des brebis *Sicilo-Sarde* (Figure 19). Les coefficients de variation inter et intra-essais sont respectivement de 5,6% et 2%. Le protocole de base peut doser des échantillons dont la concentration en progestérone est de 0,05 ng/ml et l'anticorps utilisé est très spécifique pour la progestérone avec des réactions croisées particulièrement faibles pour les autres stéroïdes présents naturellement dans les échantillons de lait ou provenant des médicaments.

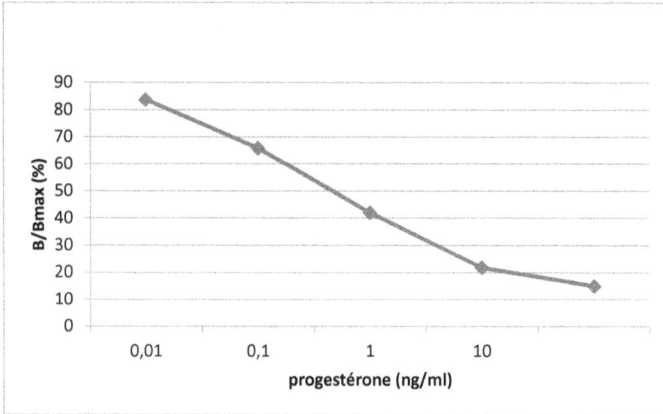

Figure 19: Capacité de liaison (moyenne ± E.S) en fonction des Log concentrations plasmatiques de progestérone.

1.2.3.2. Détermination du taux de réussite de l'insémination artificielle en fonction du niveau de production laitière

Une insémination exo-cervicale a été réalisée sur 64 brebis parmi les 67 ci-haut choisies pour étudier leur aptitude à être fécondées. Trois cas ont été écartés en raison des mammites.

1.2.3.2.1. Synchronisation des chaleurs

La synchronisation des chaleurs des brebis a duré 14 j, allant de la date de la pose d'éponge (Photo 5) (le 08/05/10) jusqu'à la date du retrait (Photo 6) (le 22/05/10).

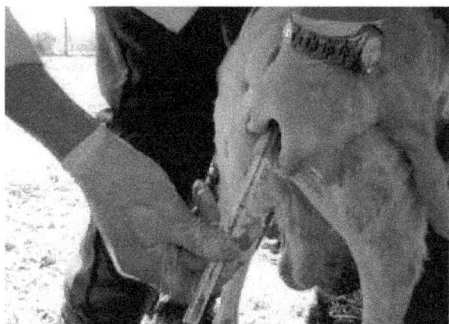

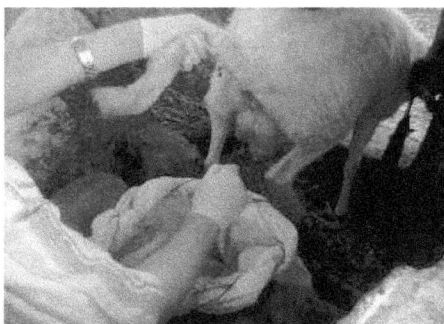

Photo 5: Pose de l'éponge dans le vagin de la brebis

Photo 6: Retrait de l'éponge.

Des éponges vaginales imprégnées de 40 mg de FGA (Acétate de Flurogestone) et aspergées d'un antibiotique ont été utilisées. Le FGA est un progestagène synthétique environ 20 fois plus puissant que la progestérone. Il permet de bloquer l'oestrus et l'ovulation chez les femelles en activité sexuelle cyclique et assure l'imprégnation progestative nécessaire au démarrage du cycle sexuel chez les femelles en anoestrus. On remarque habituellement la présence d'un écoulement plus ou moins abondant, blanchâtre et nauséabond, causé par la sécrétion et l'accumulation du mucus vaginal.

Cette étape se termine par l'injection de la eCG (Equine Chorionic Gonadotrophin) (Folligon®) par la voie intramusculaire au niveau de l'encolure (Photo 7). Ceci se fait à l'aide d'une seringue à une dose de 400 UI pour chaque brebis. Cette hormone permet non seulement l'induction et la synchronisation de l'ovulation mais aussi l'augmentation de la taille de la portée.

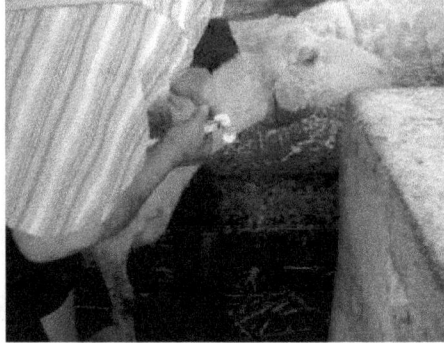

Photo 7: Injection de la eCG.

Toutefois, sur 64 brebis, le retrait de l'éponge n'a été réalisé que sur 61 brebis :

> ➢ Deux brebis ont perdu leurs éponges,
> ➢ une brebis a été réformée en raison de la présence d'abcès au niveau de la mamelle.

L'insémination artificielle a été réalisée 55 h ± 1 h après le retrait des éponges et l'injection de l'eCG, soit le 24/05/2010.

1.2.3.2.2. Collecte et conditionnement du sperme frais

La collecte s'effectue à l'aide d'un vagin artificiel dans un endroit propre et loin des bruits gênants ou distractifs pour l'animal. Une fois dans la salle de collecte, le mâle est placé derrière une brebis boute-en-train en chaleurs immobilisée dans l'appareil de contention, et ceci pour effectuer les tentatives de chevauchement (Photo 8). L'animal fait deux à trois faux sauts, après lesquels l'opérateur saisit le pénis à travers le fourreau et le dévie latéralement sans jamais toucher les muqueuses génitales. Le pénis ainsi dévié, est dirigé vers le vagin artificiel tenu de l'autre main jusqu'à ce qu'il touche l'entrée du cylindre. Le sperme est ainsi récupéré dans un tube de collecte à une température d'environ 37 °C pour subir une série d'examens d'évaluation.

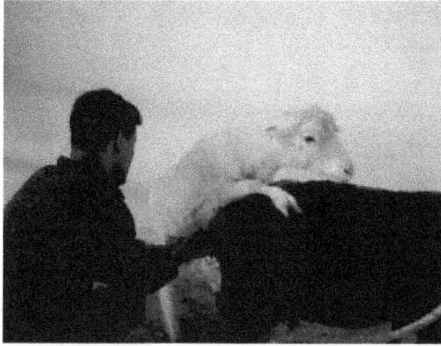

Photo 8: Méthode de collecte de la semence.

Evaluation de la semence

* Aspect qualitatif

- Couleur

Le plus souvent blanchâtre, la couleur du sperme peut être modifiée pour des raisons physiologiques (concentration) ainsi que pour des raisons pathologiques. En effet, les éjaculâts dont la couleur est jaunâtre ou bien présentent des traces de sang, seront rejetés et le bélier devra subir un suivi vétérinaire.

- Motilité massale

Elle est effectuée sous microscope à platine chauffante. La motilité massale est estimée par l'intensité des vagues provoquées par les déplacements des spermatozoïdes dans une gouttelette de sperme pur qui est déposée sur une lame et placée sur la platine chauffante du microscope (37-38 °C). L'observation est faite très rapidement car la motilité massale du sperme pur, à cette température, diminue rapidement au bout de 15 à 20 s. La mesure est faite en utilisant une échelle qui va de 0 à 5 (Tableau 22).

Tableau 22: Grille d'évaluation de la motilité massale (Barill et *al.*,1993)

Note	Aspects du mouvement
0	Immobilité totale
1	Mouvements individualisés
2	Mouvements très lents
3	Motilité massale générale de faible amplitude
4	Motilité massale rapide, sans tourbillons
5	Motilité massale rapide, avec tourbillons

- Motilité individuelle

La motilité individuelle s'effectue après dilution du sperme (volume à volume) et observation entre lame et lamelle sur une platine chauffante (35 à 37 °C). Il s'agit de noter le déplacement rectiligne des spermatozoïdes. La mesure est réalisée en utilisant une échelle allant de 0 à 5 (Tableau 23). Le dilueur utilisé (Ovixcell®, IMV Paris) permet d'augmenter d'une part le volume du liquide assurant ainsi l'insémination d'un plus grand nombre de femelles et représente d'autre part un milieu riche en nutriments permettant la survie des spermatozoïdes. Cette opération peut se répéter après conditionnement, à une température de 15 °C pour s'assurer de la bonne qualité de la semence utilisée pour l'insémination artificielle.

Il est à signaler que le pourcentage de spermatozoïdes mobiles doit être supérieur à 55%.

Tableau 23: Grille d'évaluation de la motilité individuelle (Barill et *al.*, 1993)

Note	Motilité individuelle
0	Pas de déplacement des spermatozoïdes
1	Déplacement très lent ou pas de déplacement, tremblements du spermatozoïde, oscillations de la queue
2	Déplacement lent, tremblements, mouvements inorganisés, quelques spermatozoïdes se déplacent plus rapidement
3	Les spermatozoïdes effectuent des déplacements curvilinéaires sans tremblement
4	Déplacement rapide, quelques cellules avec une trajectoire rectiligne, d'autres avec une trajectoire courbe
5	Déplacement rectiligne et rapide des spermatozoïdes

* Aspect quantitatif

- Volume

Le volume est directement lu sur le tube de collecte gradué. Sa valeur moyenne est de l'ordre de 1 ml. Il varie en fonction de l'âge, de l'entraînement du reproducteur et de l'alimentation.

- Concentration

Pour déterminer la concentration de l'éjaculât, on doit prendre une goutte de sperme mélangé à un liquide physiologique (Chlorure de Sodium : NaCl). La lecture directe de la concentration est obtenue grâce à un spectrophotomètre à une dilution de $1/400^{\text{ème}}$ (10 µl sperme + 3990 µl NaCl). Une fois, la semence est examinée quantitativement et qualitativement, on peut juger son efficacité à travers une fiche d'évaluation biologique (Tableau 24).

Tableau 24: Fiche d'évaluation biologique des éjaculats utilisés

N° bélier	Rang éjaculat	Vol (ml)	Couleur/ Consistance	MM (37°C)	MI (37°C)	% vivants (37°C)	MI (15°C)	% vivants (15°C)	Observations (couleur des paillettes)
8584	1	0,7	Blanchâtre visqueux	4,5	3,5	50	4	60	5 paillettes orangées
5331	2	0,5	Blanchâtre visqueux	4,5	4	60	4	60	4 paillettes bleues
5337	3	1	Blanchâtre visqueux	4	4	60	3	60	9 paillettes rouges
5345	4	0,7	Blanchâtre visqueux	4	4	_	4	60	4 paillettes blanches
8585	5	1,5	Blanchâtre visqueux	4,5	4	_	4	55	15 paillettes violettes
5325	6	0,7	Blanchâtre visqueux	4	4	_	4	50	5 paillettes noires
5346	7	1,5	Blanchâtre visqueux	3,5	4	_	4	60	15 paillettes rouges
8584	8	0,7	Blanchâtre visqueux	4	4	_	4	60	5 paillettes blanches
5337	9	1,5	Blanchâtre visqueux	4	4	_	4	60	12 paillettes noires

Vol : volume
MM : Motilité Massale
MI : Motilité Individuelle

1.2.3.2.3. Conditionnement et mise en paillette

La semence obtenue est versée dans des tubes portant le numéro du bélier correspondant. Ces derniers sont disposés dans un gobelet préalablement rempli d'eau à 35 °C et ce, dans le but d'éviter tout choc thermique pouvant nuire à la qualité de la semence. Ensuite, le gobelet est mis dans une vitrine réfrigérée dont la température est de 15 °C pendant 30 min tout en ajoutant un glaçon toutes les 10 min.

Ceci permet une stabilisation de la température de la semence à 15 °C au bout de 30 min.

Une fois le conditionnement terminé, on passe à la mise en paillettes. Les pailletes ainsi utilisées sont fines (0,25 ml) et contiennent environ $400*10^6$ spermatozoïdes. La mise en paillette est effectuée par aspiration buccale à travers le bouchon de l'extrémité de cette dernière. Puis, l'autre extrémité de la paillette est bouchée à l'aide d'une poudre polyvinylique colorée. Il est à signaler que pour chaque bélier on attribue une couleur différente. Les paillettes, soigneusement séchées avec du papier, sont ensuite rangées dans une valise thermostatique (Photo 9) dont la température est préalablement fixée à 15 °C pour être enfin utilisées sur le chantier de travail. Le délai entre récolte et insémination artificielle ne doit pas dépasser 7 h afin de garder une fécondance acceptable du sperme.

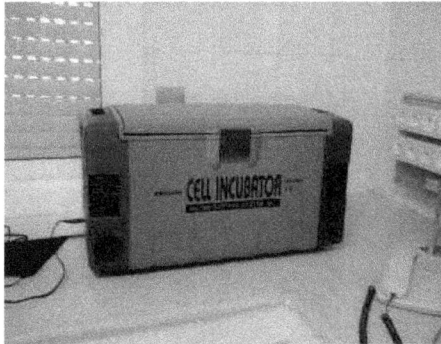

Photo 9: Valise thermostatique.

1.2.3.2.4. L'insémination artificielle proprement dite

Sur les 61 brebis synchronisées, seulement 51 brebis ont pu être inséminées. En effet, 7 brebis âgées ont été réformées alors que 3 brebis ont eu des mammites.

Un spéculum muni d'un système d'éclairage est introduit dans le vagin de l'animal, l'inséminateur repére ainsi le cervix et y dépose le contenu de la paillette à l'aide d'un pistolet d'insémination (Photo 10).

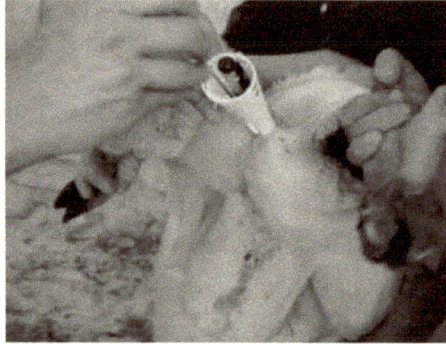

Photo 10: Spéculum utilisé dans l'insémination artificielle.

Pour assurer les retours en chaleur, l'introduction des béliers a été réalisée le 02/06 soit 9 jours après la réalisation de l'IA.

1.2.3.2.5. Diagnostic de gestation par échographie

Une échographie transrectale ayant pour but de détecter la gestation à partir d'un stade précoce, a été réalisée le 23/06/2010 soit 30 jours après IA sur les 48 brebis restantes puisque 3 autres brebis ont été encore réformées pour cause de mammites. Selon le niveau de production laitière, les 48 brebis se répartissent comme suit :
- ➤ 19 brebis hautes productrices
- ➤ 29 brebis moyennes productrices

Mode opératoire

Afin d'effectuer cette opération, l'animal est placé sur une balle de foin *en décubitus* dorsal tout en étant tenu par les membres, avec le rectum orienté vers l'opérateur (Photo 11). Ensuite, ce dernier enduit la sonde d'un gel de contact (Echogel©) et l'introduit par voie rectale. Le premier organe détecté est la vessie qui apparaît en noire car elle contient de l'urine qui est un liquide anéchogéne. En effet, celle-ci est un point de repère à partir duquel on va pouvoir situer les autres organes et notamment l'utérus. Aussitôt la vessie repérée, l'opérateur effectue des mouvements de va et vient et de rotation (Photo 12) afin de repérer les cornes utérines de l'animal pour enfin voir si la brebis est gravide ou non.

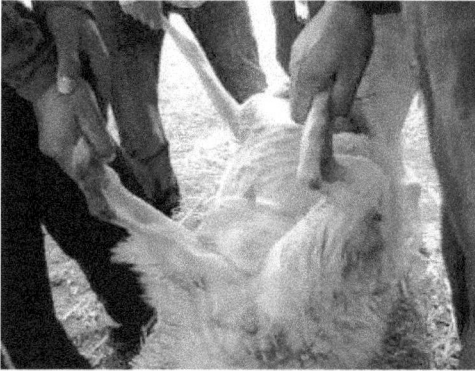

Photo 11: Disposition de l'animal lors de la réalisation de l'échographie.

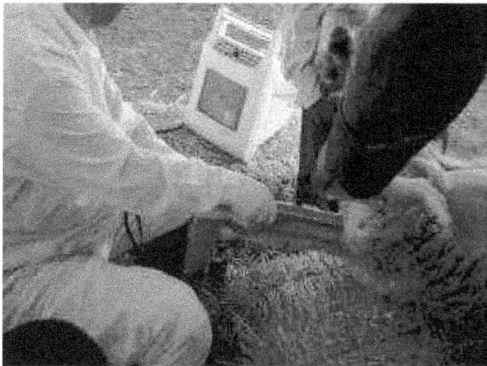

Photo 12: Réalisation de l'échographie.

Il est à signaler qu'à 22-25 j de gestation, on remarque sur l'écran de l'échographe un début d'ouverture des cornes utérines, alors qu'à 30-35 j, il y a apparition d'une vésicule embryonnaire.

Analyse statistique

Afin d'analyser la relation entre l'état physiologique de la brebis (gestante ou vide) en fonction du niveau de production laitière, un modèle logistique binaire de la procédure Logit du logiciel SAS (Version 9.1) a été utilisé. Il s'agit d'expliquer une variable binaire par une variable quantitative. Dans notre cas,

- ➤ La variable binaire : brebis vide ou gestante
- ➤ La variable quantitative : niveau de production laitière

II. Résultats et discussion

2.1. Production laitière

2.1.1. Performances laitières moyennes des brebis *Sicilo- Sarde*

La production laitière moyenne des brebis *Sicilo-Sarde* est de 63,56 l (± 37,2) pour une durée de traite de 135,4 j (± 22) soit une production laitière journalière de 0,454 l (± 0,23) (Tableau 25). Ces paramètres sont très variables puisque les valeurs maximales enregistrées sont très éloignées des valeurs minimales: la production laitière minimale est de 8,8 l alors que sa valeur maximale est de 231,2 l. Ceci laisse espérer des performances meilleures par une sélection efficace associée à une conduite appropriée.

Tableau 25: Performances moyennes des paramètres laitiers des brebis *Sicilo-Sarde* élevées dans les trois exploitations étudiées

	Nombre d'observations	Moyenne	Ecart-Type	Minimum	Maximum
PLt (litre)	3684	63,56	37,2	8,8	231,2
PLj (litre)	3684	0,454	0,235	0,100	1,551
DT (jours)	3685	135,4	22	86	157

Les résultats trouvés diffèrent de ceux rapportés par Moujahed et *al.* (2008) qui ont montré qu'une brebis *Sicilo-Sarde* produit en moyenne 84,75 kg de lait avec une production journalière moyenne de 0,51 kg. Ces faibles résultats de la production laitière totale réflètent la régression des performances laitières de cette race menacée de disparition (Rekik et *al.*, 2005). L'orientation des éleveurs vers l'élevage de la *Sicilo-Sarde* en tant que race mixte ou à vocation viande et les croisements aléatoires avec d'autres races sont parmi les causes qui provoquent aussi bien la diminution de l'effectif que les performances laitières.

2.1.2. Facteurs de variation des caractères laitiers étudiés

L'analyse statistique a identifié plusieurs sources de variation des caractères de la production laitière des brebis *Sicilo-Sarde* dans les trois exploitations étudiées. Les principales sources sont : la ferme, le troupeau, le mois de mise bas, le numéro de lactation, la durée d'allaitement et l'année de mise bas comme indiqué dans le Tableau 26. Les coefficients de détermination du modèle (R^2) ont varié entre 26,9% et 61,7%.

Tableau 26: Principales sources de variation de la production laitière totale, de la production laitière par jour et de la durée de traite.

Source de variation	ddl	PLt	PLj	DT
Ferme (Fer)	2	***	***	***
Troupeau intra ferme Trp (Fer)	4	***	***	***
Mois de mise bas (Mois)	2	***	***	***
Numéro de lactation (NL)	7	***	***	***
Mode d'agnelage (Mag)	1	*	***	NS
Durée d'allaitement (DA)	3	***	***	***
Année de mise bas (A)	4	***	***	***
R^2 (%)		61,7	61,2	26,9

*** Pr<0.001 ; ** Pr<0.01 ; *Pr<0.05 ; NS : non significatif

Tous les facteurs étudiés ont des effets hautement significatifs sur les performances laitières, sauf le facteur mode d'agnelage qui n'affecte pas la durée de traite, exerce un effet faiblement significatif sur la production laitière totale et un effet hautement significatif sur la production laitière journalière.

2.1.2.1. Facteurs de variation extrinsèques

2.1.2.1.1. Effet de la ferme

Il ressort des résultats que la production laitière totale à Frétissa est très élevée (102,2 l) (Figure 20) dépassant même les valeurs rapportées par Moujahed et *al.* (2004 ; 2008) et Saadoun et *al.* (2004) qui étaient de 84,75, 68 et 86 kg respectivement. De même la production laitière journalière est acceptable (0,7 l) mais reste toujours inférieure à celle de certaines races spécialisées comme la *Lacaune* (1,2 l) (Bougler, 1990).

A Gnadil, les performances laitières sont acceptables et dans la gamme des variations des valeurs présentées par Moujahed et *al.* (2004) et Saadoun et *al.* (2004) aussi bien pour la production laitière totale que journalière. Contrairement, les performances enregistrées à Ghzéla sont très basses.

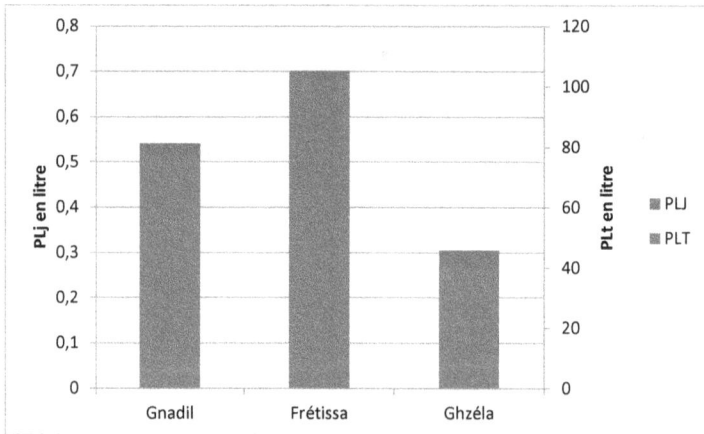

Figure 20: Variation de la production laitière totale et la production laitière journalière en fonction de la ferme.

Concernant la durée de traite qui est l'un des paramètres importants de la production laitière, elle a varié entre 128,3 j à Ghzéla et 144,7 j à Frétissa (Tableau 27).

Tableau 27: Effet de la ferme sur la durée de traite

Ferme	Durée de traite (j)
Gnadil	141,7
Frétissa	144,7
Ghzéla	128,3

2.1.2.1.2. Effet du troupeau intra-ferme

L'effet du troupeau intra-ferme respectivement sur les productions laitières et la durée de traite est hautement significatif. Ce facteur n'a pas affecté la ferme Gnadil dont les valeurs de la production laitière de ses troupeaux sont très proches. Par contre, à Ghzéla, on a remarqué que les troupeaux 2 et 4 ont les plus faibles productions laitières (Figure 21).

En ce qui concerne la durée de traite, on a observé que la durée la plus courte a été enregistrée au niveau du troupeau 3 de Ghzéla alors que celle la plus longue au troupeau 2 de Gnadil (Tableau 28).

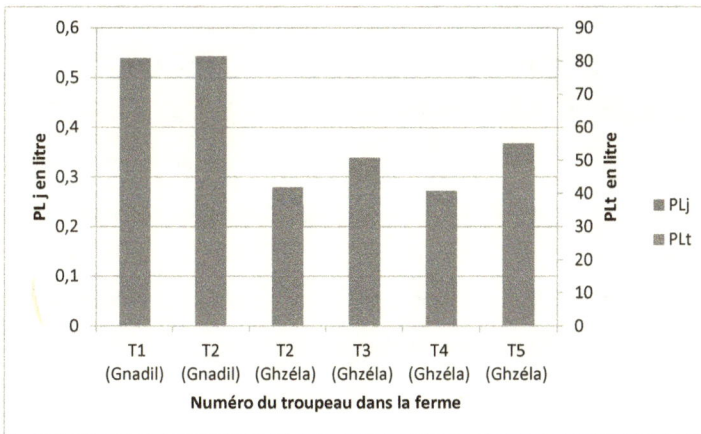

Figure 21: Variation de la production laitière totale et la production laitière journalière en fonction du troupeau intra-ferme.

Tableau 28: Effet du troupeau intra-ferme sur la durée de traite

Ferme	N° troupeau	Durée de traite (j)
Gnadil	1	140,3
Gnadil	2	143,4
Ghzéla	2	129,6
Ghzéla	3	124,4
Ghzéla	4	130,9
Ghzéla	5	126,5

L'effet significatif de la ferme et du troupeau sur les performances laitières s'explique par les différentes lignes de conduite appliquées puisque chaque ferme gère différemment ses troupeaux. Ainsi, les résultats obtenus à Frétissa font d'elle un bon exemple à suivre par les éleveurs de la *Sicilo-Sarde* afin d'améliorer les performances laitières de leurs brebis. Quant à la durée de traite, nos résultats corroborent ceux de Ben Hammouda et Djemali (1991) : la quantité de lait produite par brebis soumise à la traite augmente avec la durée de traite.

2.1.2.1.3. Effet du mois de mise bas

La meilleure production laitière a été enregistrée au mois de novembre (117,13 l) alors que la plus faible valeur a été obtenue pour les agnelages du mois d'octobre (53,17 l) (Figure 22). Il en est de même, pour la durée de traite (Tableau 29). Ce résultat est inattendu et contradictoire avec les conclusions de Djemali et *al.* (1995) qui ont montré que les agnelages d'octobre sont plus favorables à la production laitière que ceux ayant lieu en septembre. Ceci pourrait avoir comme origine les fluctuations climatiques interannuelles caractérisant la région d'élevage de la race.

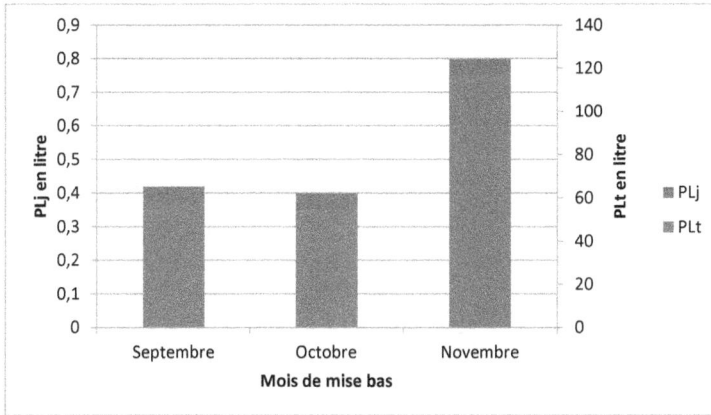

Figure 22: Variation de la production laitière en fonction du mois de mise bas.

Tableau 29: Effet du mois de mise bas sur la durée de traite

Mois de mise bas	Durée de traite (j)
Septembre	134,2
Octobre	133,6
Novembre	146

2.1.2.1.4. Effet de l'année de mise bas

La production laitière la plus élevée a été enregistrée durant l'année 2007 avec une production laitière totale de 85,4 l et une production journalière de 0,588 l, alors que 2005 a été l'année la plus défavorable avec une production laitière totale de 48,99 l et une production laitière journalière de 0,369 l. Pour le reste des années, les valeurs ont été proches (Figure 23).

Selon Khaldi et Farid (1981) et Ben Hammouda et Zitouni (1988), il est dans la nature des choses que dans un climat méditerranéen, l'année ait un effet important sur les performances des animaux conduits en modes extensif et semi-intensif.

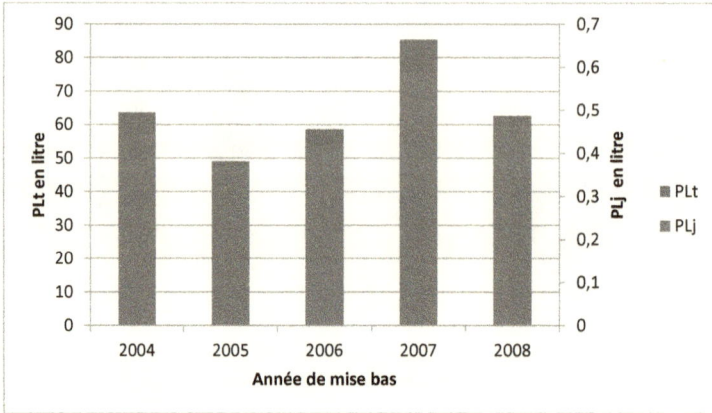

Figure 23: Effet de l'année de mise bas sur la production laitière.

2.1.2.2. Facteurs de variation liés à l'animal

2.1.2.2.1. Effet net du numéro de lactation

L'effet du numéro de lactation sur les performances laitières est hautement significatif. De nombreuses études dont celles citées par Gargouri (1992) ont montré que la production laitière augmente progressivement avec l'âge pour atteindre un maximum souvent entre la 3ème - 4ème lactation puis commence à diminuer à partir des 5^{ème}s - 6 ème lactations. Ceci est confirmé pour notre travail aussi bien pour la production latière totale (Figure 24) que journalière (Figure 25). En effet, mis à part les résultats de la 6ème lactation qui sont relativement élevés, on observe une tendance classique avec un niveau relativement faible chez les primipares qui augmente avec l'âge pour se stabiliser autour de la 5ème et la 6ème lactation et chute par la suite. Par conséquent, on peut recommander aux éleveurs de la race *Sicilo-Sarde* d'avoir recours à la réforme à partir de la 6ème lactation.

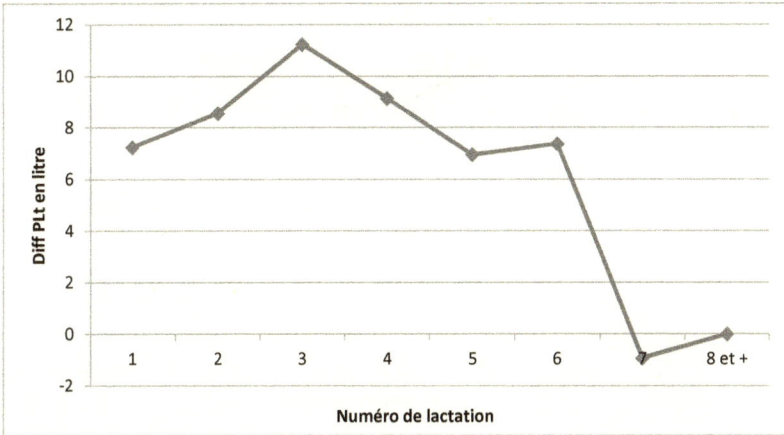

Figure 24: Effet net du numéro de lactation sur la production laitière totale. (la 8ème lactation a été prise comme base de comparaison).

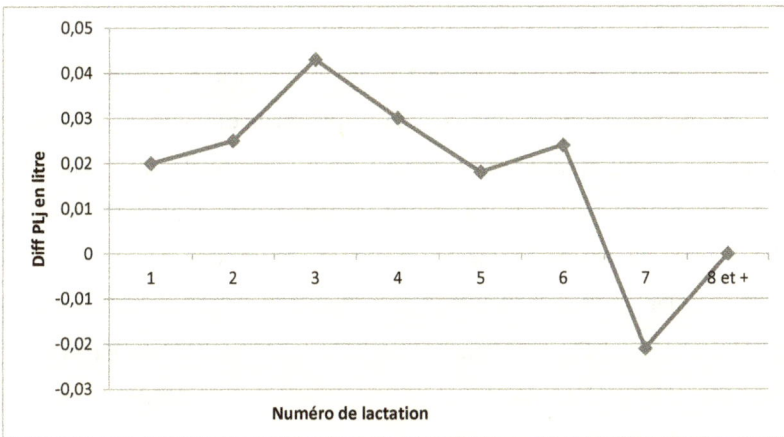

Figure 25: Effet net du numéro de lactation sur la production laitière journalière. (la 8ème lactation a été prise comme base de comparaison).

L'effet du numéro de lactation sur la production laitière s'applique aussi sur la durée de traite (Figure 26): elle augmente progressivement jusqu'à la 3ème lactation, se stabilise jusqu'à la 6ème lactation puis chute.

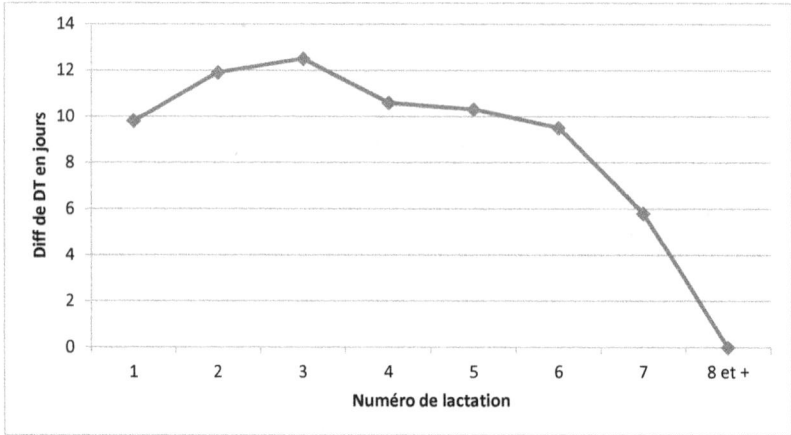

Figure 26: Effet net du numéro de lactation sur la durée de traite.
(la 8ème lactation a été prise comme base de comparaison).

2.1.2.2.2. Effet net de la durée d'allaitement

On rappelle que la durée d'allaitement a été subdivisée en quatre classes (voir
Matériel et méthodes). Son effet sur les performances laitières est hautement
significatif. En effet, la production laitière aussi bien totale que journalière est
inversement proportionnelle à la durée d'allaitement comme indiqué dans les Figures
27 et 28. De plus, la valeur la plus élevée (21,27) correspond à la classe 1 soit une
durée d'allaitement inférieure à 80 j. Ceci appuye les résultats de Djemali et *al.*
(1995) sur l'existence d'une corrélation négative entre production laitière et durée
d'allaitement. Ainsi, dans un système de production spécialisé, les éleveurs
pourraient réduire la durée d'allaitement donc pratiquer le sevrage précoce afin
d'améliorer la production laitière des animaux.

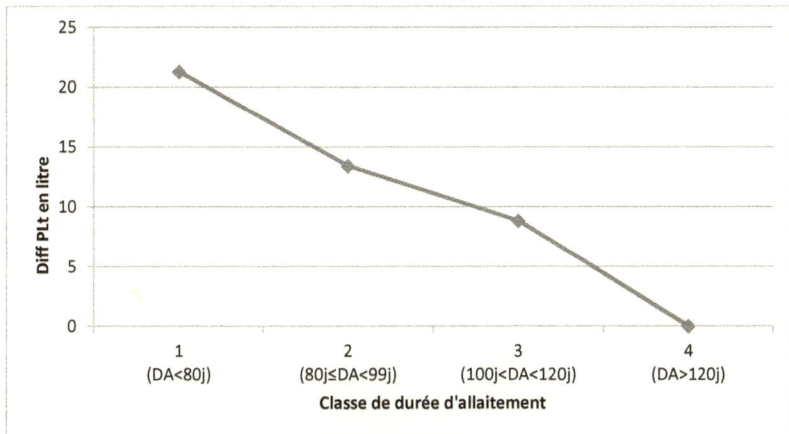

Figure 27: Effet net de la durée d'allaitement sur la production laitière totale. (La classe 4 a été prise comme base de comparaison).

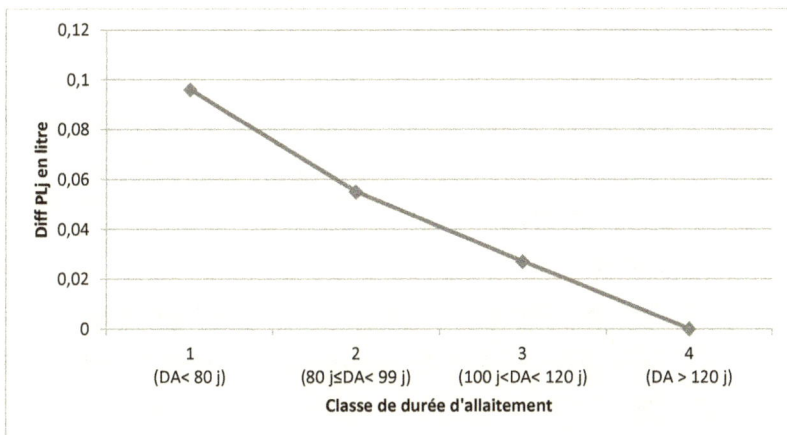

Figure 28: Effet net de la durée d'allaitement sur la production laitière journalière. (La classe 4 a été prise comme base de comparaison).

2.1.3. Courbe de traite moyenne

La courbe moyenne de lactation correspondant à la phase de traite des brebis de race *Sicilo-Sarde* objet de notre étude est représentée dans la Figure 29.

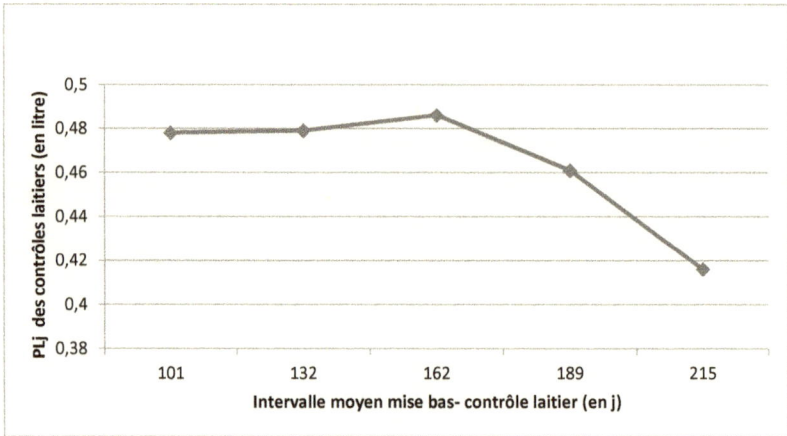

Figure 29: Evolution de la production laitière des brebis au cours de la période de traite.

Au total, il y a eu 5 contrôles laitiers séparés en moyenne de 30 j. Le premier contrôle ayant été effectué en moyenne à 101 j après la mise bas. Par convention, la date du sevrage se fait 14 j avant le 1er contrôle laitier c'est-à-dire que le sevrage a été réalisé en moyenne 87 j après la mise bas. Ce mode de sevrage, bien qu'il présente un gain sur la quantité de lait commercialisée, s'accompagne d'une diminution brutale et importante de la production laitière des brebis en début de la phase de traite (Khaldi, 1987). Ceci explique les faibles productions laitières durant les 3 premiers contôles laitiers qui se sont situées autour de 0,48 l. Les valeurs moyennes aux contrôles 5 et 6 sont davantages plus faibles.

2.2. Performances de reproduction

2.2.1. Fertilité

La fertilité globale moyenne étant de 63,14% (± 0,48), le meilleur taux (75,72%) a été enregistré durant la campagne 2005/2006 (Figure 30). Alors que pour la campagne 2007/2008, il a été enregistré le taux de fertilité le plus faible avec 53,54%. Plusieurs facteurs pourraient expliquer ces taux : une mauvaise conduite du troupeau surtout au niveau de l'alimentation avant et durant la lutte puisque l'amélioration du poids des brebis 70 et 10 j avant la lutte entraîne une nette amélioration de 15% de la fertilité (Ettuhami, 1981). De plus, un âge moyen des brebis dépassant 5 ans pourrait être à l'origine de ces résultats puisque la fertilité augmente progressivement et atteint son maximum vers l'âge de 5 ans, puis diminue et atteint son minimum à 10 ans (Abdennebi et Khaldi, 1991).

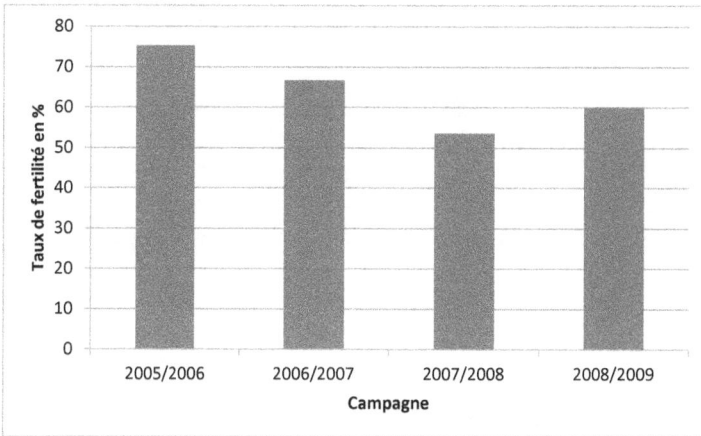

Figure 30: Variation de la fertilité en fontion de la campagne.

Au niveau des fermes, il a été remarqué l'existence d'une grande variabilité intra-fermes : les meilleurs résultats ont été enregistrés à Gnadil surtout en 2006/2007 avec un taux de fertilité de 91,73% en comparaison à des résultats médiocres à Ghzéla surtout en 2007/2008 avec 37,89%. A Frétissa, on a remarqué une stabilité relative des taux de fertilité durant les 4 campagnes avec toutefois une légère baisse en 2007/2008 (Figure 31). Une maladie abortive, (*Border Disease*), touchant la région de Mateur surtout au niveau de Ghzéla est suspectée d'être la cause de la baisse de fertilité aussi bien à Frétissa qu'à Ghzéla en 2007/2008.

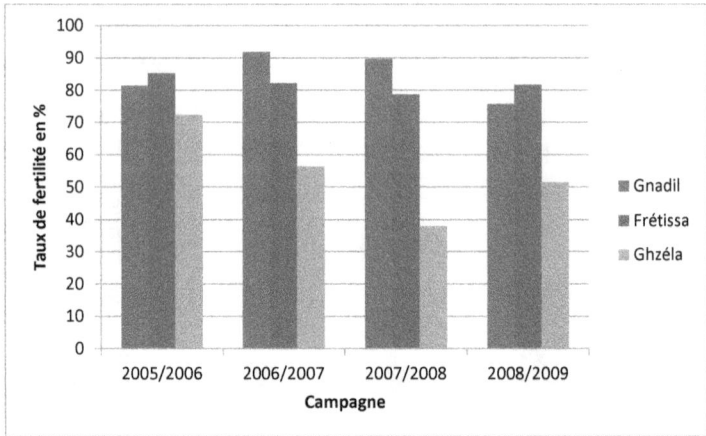

Figure 31: Variation de la fertilité par campagne et par ferme.

2.2.2. Taille de la portée

La taille de la portée, facteur important pour juger les performances reproductives de la brebis, a une valeur moyenne de 1,34. Toutefois, on a remarqué une diminution progressive allant de 1,42 à 1,18 entre la campagne 2005/2006 jusqu'à 2008/2009 (Figure 32). Cette diminution a été observée pour la proportion des naissances doubles qui a chuté de 0,42 à 0,18 durant les 4 campagnes retenues dans cette étude. Contrairement, la proportion des naissances simples n'a cessé d'augmenter durant la même période de 0,58 en 2005/2006 jusqu'à 0,82 en 2008/2009 (Figure 33).

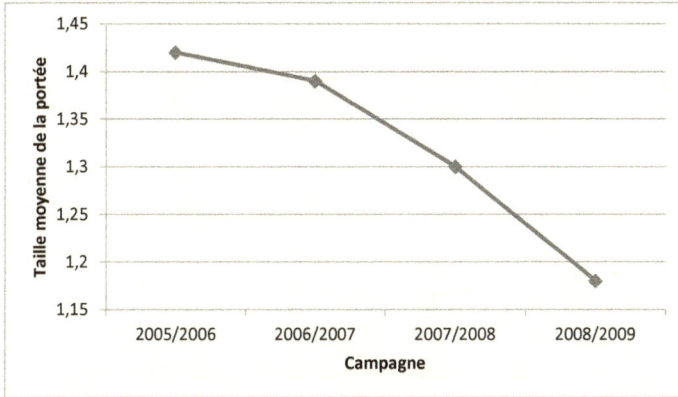

Figure 32: Variation de la taille moyenne de la portée en fonction de la campagne.

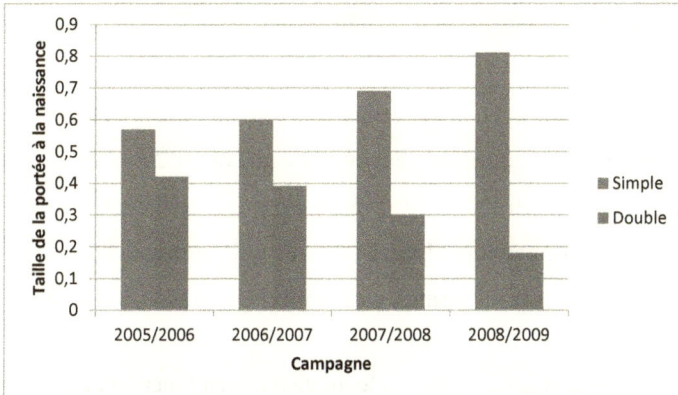

Figure 33: Variation des proportions des naissances simples ou doubles en fonction de la campagne.

La variation de la taille de la portée intra-ferme a été en faveur de Frétissa qui a détenu les valeurs les plus élevées en 2005/2006 et 2006/2007 avec respectivement 1,52 et 1,47. Par contre, la valeur la plus faible a été observée à Gnadil en 2008/2009 avec seulement 1,06. C'est d'ailleurs la campagne au cours de laquelle on a noté les valeurs les plus médiocres à Ghzéla aussi avec une moyenne globale de 1,16 (Figure 34).

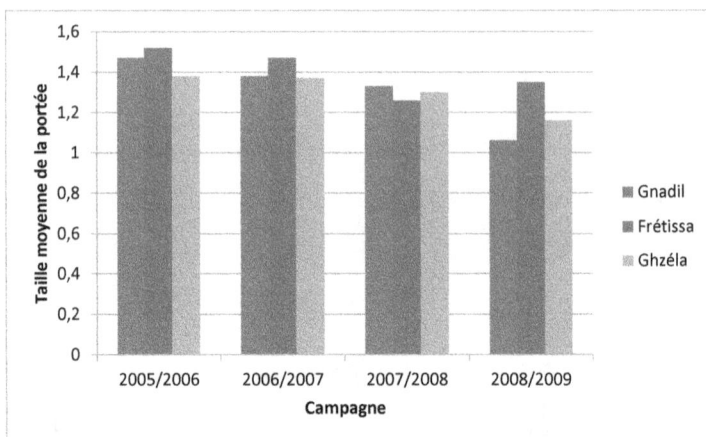

Figure 34: Variation de la taille de la portée en fonction de la ferme.

2.2.3. Intervalle lutte-saillie

L'intervalle lutte-saillie dont la moyenne se situe aux alentours de 18 j, n'a pas montré de variations remarquables durant les campagnes 2004/2005, 2005/2006 et 2006/2007. Toutefois, en 2007/2008 et surtout en 2008/2009, on a noté un raccourcissement de l'intervalle (Tableau 30), ce qui semble indiquer que les brebis reprennent leur activité sexuelle rapidement après introduction des mâles.

Tableau 30: Variation de l'intervalle lutte-saillie en fonction de la campagne

Campagne	Moyenne	Ecart-type	Min *	Max
2004/2005	18,6	8,7	0	53
2005/2006	18,2	11,1	0	66
2006/2007	18	11,3	0	77
2007/2008	14,8	12	0	73
2008/2009	12,7	11	0	99

* les valeurs négatives conséquences d'une durée de gestation < 150 j ont été considérées comme nulles.

2.3. Interactions production laitière –reproduction

2.3.1. Interaction production laitière-fertilité

Les effets des productions laitières totales et journalières pour les campagnes 2005/2006, 2006/2007, 2007/2008 et 2008/2009 sur le statut de fertilité au cours des campagnes qui leur ont directement succédées sont illustrés dans les Figures 35 et 36.

Ainsi, mis à part la campagne 2005/2006, la production laitière totale de la campagne i-1 est supérieure pour les brebis vides de la campagne i. C'est-à-dire ;

> ➢ la moyenne de la production laitière totale durant la campagne 2005/2006 pour les brebis vides de la campagne 2006/2007 est supérieure de +8,48 l par rapport à celles agnelant durant la même campagne ;

> ➢ la moyenne de la production laitière totale durant la campagne 2006/2007 pour les brebis vides de la campagne 2007/2008 est supérieure de +8,77 l par rapport à celles agnelant durant la même campagne ;

> ➢ et la moyenne de la production laitière totale durant la campagne 2007/2008 pour les brebis vides de la campagne 2008/2009 est supérieure de +19,08 l par rapport à celles agnelant durant la même campagne.

Parallèlement, la production laitière journalière présente les mêmes tendances. En effet,

> ➢ la moyenne de la production laitière journalière durant la campagne 2005/2006 pour les brebis vides de la campagne 2006/2007 est supérieure de +0,043 l par rapport à celles agnelant durant la même campagne ;

> ➢ la moyenne de la production laitière totale durant la campagne 2006/2007 pour les brebis vides de la campagne 2007/2008 est supérieure de +0,084 l par rapport à celles agnelant durant la même campagne ;

> ➢ et la moyenne de la production laitière totale durant la campagne 2007/2008 pour les brebis vides de la campagne 2008/2009 est supérieure de +0,116 l par rapport à celles agnelant durant la même campagne.

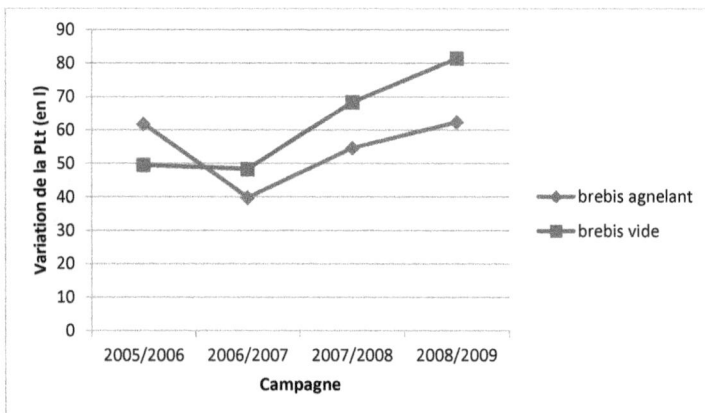

Figure 35: Variation de la production laitière totale de la campagne i-1 pour les femelles vides ou agnelant au cours de la campagne i.

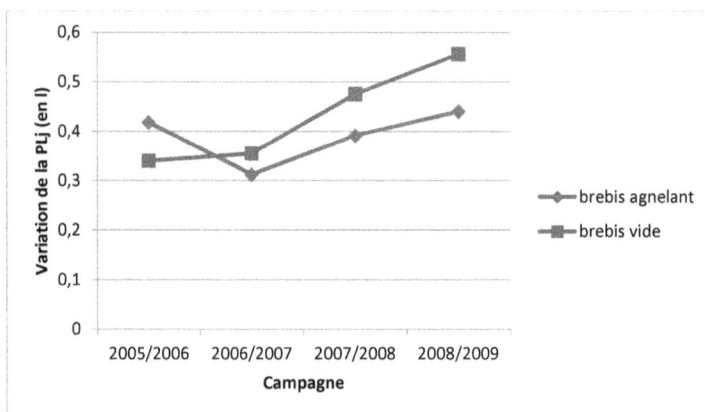

Figure 36: Variation de la production laitière journalière de la campagne i-1 pour les femelles vides ou agnelant au cours de la campagne i.

Un Tableau récapitulatif (Tableau 31) des interactions production laitière-fertilité a permis ainsi de confirmer l'existence d'une tendance d'antagonisme entre production laitière totale et fertilité (Pr = 0,1) indiquant qu'il y a plus de brebis vides au cours d'une campagne i parmi les hautes productrices en lait au cours de la campagne i-1.

Tableau 31 : Récapitulatif des interactions production laitière-fertilité

Production Laitière	Fertilité	
	b	Pr
PLt	-0,0141	0,1
PLj	1,1805	NS

b :coefficient de regression ; Pr : la probabilité associée ; NS : non significatif

Toutefois cette relation varie d'une campagne à une autre. En effet, suite à la réalisation d'une régression logistique des productions laitières par campagne sur la fertilité de la campagne qui lui succède (Tableau 32), on a remarqué que :

➢ La production laitière au cours des campagnes 2004/2005 et 2006/2007 n'affecte pas la fertilité des campagnes 2005/2006 et 2007/2008 respectivement ;

➢ la production laitière journalière au cours de la campagne 2005/2006 est corrélée positivement avec la fertilité des brebis au cours de la campagne 2006/2007 ;

➢ la production laitière totale de la campagne 2007/2008 et la fertilité de la campagne 2008/2009 sont corrélées négativement indiquant qu'une PLt élevée au cours de la campagne i-1 est liée à une fertilité moins bonne au cours de la campagne i, ce qui parait logique.

Tableau 32: Coefficients de régression logistique et niveaux de signification (Pr > χ2) des productions laitières sur la fertilité

	Fertilité 2005/2006		Fertilité 2006/2007		Fertilité 2007/2008		Fertilité 2008/2009	
	b	Pr	b	Pr	b	Pr	b	Pr
PLt 2004/2005	0,1183	NS						
PLj 2004/2005	-14,0895	NS						
PLt 2005/2006			-0,0361	*				
PLj 2005/2006			4,5568	0,07				
PLt 2006/2007					-0,0181	NS		
PLj 2006/2007					0,6310	NS		
PLt 2007/2008							-0,0289	0,09
PLj 2007/2008							0,0418	NS

*Pr<0.05 ; NS : non significatif ; b :coefficient de regression ; Pr : la probabilité associée

2.3.2. Interaction production laitière et intervalle lutte-saillie

Le Tableau récapitulatif suivant (Tableau 33) montre l'absence de toute interaction significative entre production laitière et intervalle lutte –saillie.

Tableau 33: Récapitulatif des interactions production laitière-intervalle lutte-saillie

Production Laitière	Intervalle saillie lutte	
	b	Pr
PLt	-0,00759	NS
PLj	1,3159	NS

b :coefficient de regression ; Pr : la probabilité associée ; NS : non significatif

Par ailleurs, cette relation varie d'une campagne à l'autre. En effet, suite à la réalisation d'une régression logistique des productions laitières par campagne sur l'intervalle saillie-lutte de la campagne qui lui succède (Tableau 34), on a remarqué que :

> La production laitière au cours des campagnes 2004/2005 et 2007/2008 n'affecte pas l'intervalle saillie-lutte des campagnes 2005/2006 et 2008/2009 respectivement ;

> la production laitière journalière au cours des campagnes 2005/2006 et 2006/2007 est corrélée positivement avec l'intervalle saillie-lutte des campagnes 2006/2007 et 2007/2008 respectivement indiquant qu'une production laitière journalière acceptable est associé à un intervalle mise à la lutte – saillie de courte durée ;

> la production laitière totale de la campagne 2006/2007 et l'intervalle saillie-lutte de la campagne 2007/2008 sont corrélés négativement indiquant que plus la production laitière totale au cours de la campagne i-1 est élevée, plus l'intervalle mise à la lutte- saillie est prolongée au cours de la campagne i.

Tableau 34: Coefficients de régression logistique et niveaux de signification (Pr > χ2) des productions laitières sur l'intervalle lutte- saillie

	Intervalle lutte- saillie 2005/2006		Intervalle lutte-saillie 2006/2007		Intervalle lutte-saillie 2007/2008		Intervalle lutte-saillie 2008/2009	
	b	Pr	b	Pr	b	Pr	b	Pr
PLt 2004/2005	0,06280	NS						
PLj 2004/2005	8,76804	NS						
PLt 2005/2006			-0,19251	*				
PLj 2005/2006			17,32707	0,14				
PLt 2006/2007					-0,10963	0,12		
PLj 2006/2007					18,55288	0,09		
PLt 2007/2008							0,04196	NS
PLj 2007/2008							-14,318	NS

*Pr<0,05 ; NS : non significatif ; b :coefficient de regression ; Pr : la probabilité associée

Les résultats concernant les interactions production laitière-fertilité confirment ceux de Gootwine et Pollott, (2000, 2004) et David et *al.*, 2008 sur l'existence d'une corrélation négative entre production laitière (précisément totale) et performances de reproduction, alors que les résultats des interactions production laitière et intervalle lutte- saillie confirment ceux de Barillet (2007) sur l'absence d'antagonisme entre ces deux paramètres. Cet antagonisme a été attribué essentiellement à la balance énergétique chez la vache laitière. En effet, les vaches avec le moins bon niveau de production laitière sont celles qui puisent le plus leurs réserves corporelles et ont un déficit énergétique plus marqué, ce qui entraîne des retards d'ovulation (Disenhaus et *al.*, 2002). De plus, le bilan énergétique en postpartum a une influence majeure sur la reprise des cycles ovariens chez les vaches à haute production laitière. Ainsi, le retour rapide à un fonctionnement ovarien régulier est fortement tributaire d'une prise alimentaire suffisante (Lecouteux et *al.*, 2005). De même, cet effet a aussi été observé chez la lapine : un déficit nutritionnel engendré par la production laitière déprime certaines composantes de la fécondité (Fortun-Lamothe et Bolet, 1995).

On pourrait dire que dans le cas des brebis *Sicilo-Sarde* les interactions existent, ne sont pas très prononcées, variables d'une campagne à une autre et n'affectent pas tous les paramètres reproductifs de la même manière.

2.4. Taux de femelles cycliques en fonction du niveau de production laitière

L'étude de la reprise de l'activité ovarienne cyclique au printemps selon le niveau de production laitière en ayant recours à des dosages de progestérone sur des prélèvements de lait a pour but d'investiguer physiologiquement l'antagonisme production laitière- reproduction. En effet,

➢ si le niveau de progestérone est supérieur à 0,5 ng/ml, la brebis est dite cyclique en phase lutéale ou gravide (éventuellement le corps jaune est persistant),

➢ si le niveau de progestérone est inférieur à 0,5 ng/ml, la brebis est en anoestrus ou éventuellement en phase péri-ovulatoire.

Une troisième hypothèse révèle aussi qu'un faible niveau de progestérone (<0,5 ng/ml) peut indiquer un corps jaune hypofonctionnel, donc qui secrète peu de progestérone.

La réalisation de deux prélèvements laitiers à un intervalle de 11 j présente l'avantage de réduire les incertitudes concernant les femelles en phase péri-ovulatoire au cours du premier prélèvement. Cependant, certaines incertitudes ne peuvent pas être éliminées complètement puisque les cycles courts ne peuvent être détectés et l'existence de corps jaunes persistants peut entraîner certaines confusions (Thimonnier, 2000).

Ainsi, le dosage RIA de la progestérone a permis de détecter 18 brebis cycliques entre les 2 prélèvements réalisés : 5 au cours du premier essai et 13 au cours du deuxième aboutissant ainsi à un taux de cyclicité global de 28,12%. Pour les femelles présumées cycliques, les concentrations de progestérone individuelles au cours des deux prélèvements ont varié entre 0,631 ng/ml et 3,836 ng/ml (Tableau 35).

Tableau 35: Classification des brebis *Sicilo-Sarde* présumées cycliques en fonction des classes de production laitière et de progestérone

Classe de production laitière	Niveau de progestérone (ng/ml)
Moyenne	0,631
Moyenne	0,659
Moyenne	0,682
Moyenne	0,813
Moyenne	0,871
Haute	0,904
Moyenne	1,288
Haute	1,340
Haute	1,369
Haute	1,681
Moyenne	2,164
Moyenne	2,182
Haute	2,492
Moyenne	2,771
Moyenne	2,970
Moyenne	3,344
Moyenne	3,796
Moyenne	3,836

On a remarqué que seulement 5 brebis hautes productrices ont été trouvées avec un corps jaune fonctionnel représentant un taux de cyclicité de 27,8% contre 72,2% pour les moyennes productrices. Il est possible de penser que le taux de cyclicité au printemps est inversement proportionnel à la production laitière des brebis *Sicilo-Sarde,* bien que statistiquement la relation ne fût pas significative. Ceci confirme les premières estimations de Royal et *al.* (2000c) concernant la présence d'une relation défavorable entre le rendement en lait et le commencement de l'activité lutéale post-partum chez les bovins. Cependant, il faut prendre en considération l'effectif réduit des femelles laitières dans notre étude ce qui pourrait donner lieu à une interprétation biaisée des résultats obtenus.

Par ailleurs et pour les brebis à potentiel de production laitière moyen, 30,7% des individus ont été trouvés cycliques durant le mois d'avril contre 69,23% au mois de mai (Figure 37), alors que pour le cas des hautes productrices, 20% ont été cycliques en avril et 80% en mai, ce qui aboutit à un taux de cyclicité global de 27,7% en avril contre 72,2% en mai.

Ceci confirme que le mois du moindre activité cyclique pour la race *Sicilo-Sarde* est le mois d'avril caractérisé par une diminution de l'activité oestrale et de l'activité ovarienne, et le faible taux de femelles continuant à avoir un comportement d'oestrus au printemps (avril) traduit leur anoestrus peu profond (Lassoued et Rekik, 2004) . De même, le début de la saison sexuelle des femelles en Tunisie se situe à la fin du mois de juillet jusqu'au début du mois de février chez les races *Queue Fine de l'Ouest* et la *Noire de Thibar* (Lassoued et Khaldi, 1995) ce qui correspond à la race *Sicilo-Sarde*. La photopériode est sans doute le facteur à l'origine de ce comportement d'oestrus cyclique. Cependant, la température, l'alimentation et les interactions entre individus telles que la présence ou l'absence des mâles ont également un rôle important. Donc, plus on s'achemine vers la saison sexuelle, plus il y a des brebis qui reprennent leur activité cyclique spontanée. Une telle pratique associée à une suralimentation passagère (*flushing*) et un bon état corporel (Bocquier et *al.*, 1988) diminuent l'intensité de l'anoestrus et améliore donc l'efficacité de l'effet mâle. C'est pourquoi, certains élevages (Frétissa) optent pour la lutte du mois de juin.

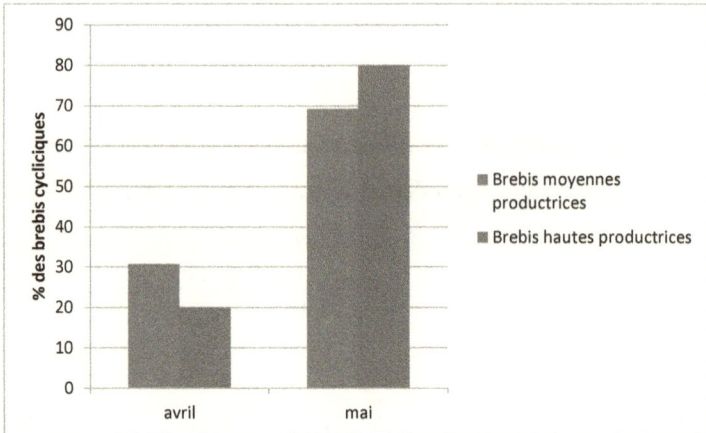

Figure 37: Distribution des brebis cycliques en fonction du mois.

2.5. Taux de réussite de l'insémination artificielle en fonction du niveau de production laitière

Le taux de fécondité est définit comme étant l'aptitude de l'animal à mener à terme une gestation conduisant à la naissance d'un produit viable. Ainsi, un diagnostic précoce de la gestation révèle la présence d'au moins un foetus (Photo 13, Photo 14) et la brebis est dite alors gestante. Contrairement, la brebis est dite vide (Photo 15).

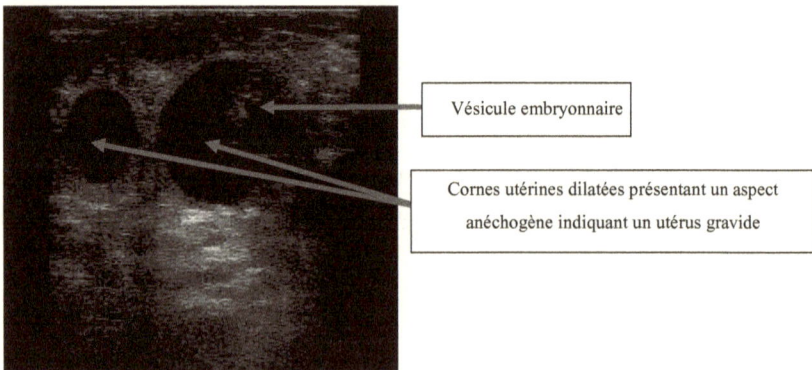

Vésicule embryonnaire

Cornes utérines dilatées présentant un aspect anéchogène indiquant un utérus gravide

Photo 13: Utérus de brebis gestante ayant un embryon.

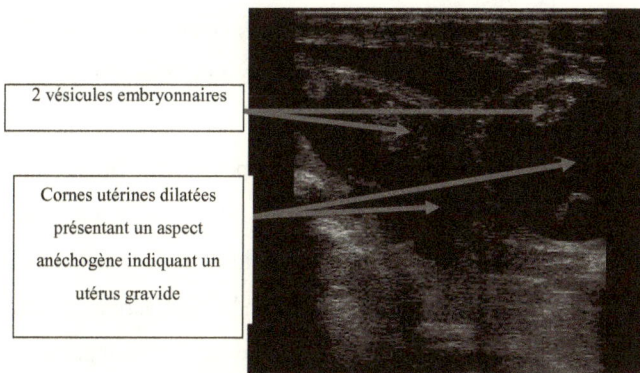

2 vésicules embryonnaires

Cornes utérines dilatées présentant un aspect anéchogène indiquant un utérus gravide

Photo 14: Utérus de brebis gestante ayant 2 embryons.

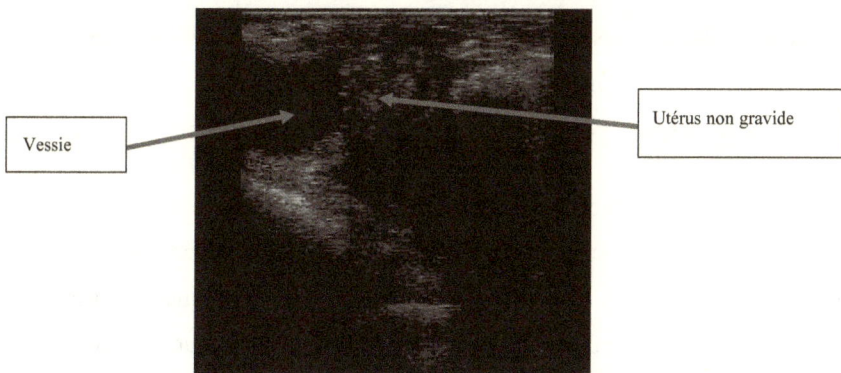

Vessie

Utérus non gravide

Photo 15: Utérus de brebis non gravide.

Dans le présent travail, l'échographie a permis de détecter 26 brebis gestantes parmi les 48 inséminées soit 54,16% de l'effectif total réparties dans le Tableau 36:

Tableau 36: Classification des brebis inséminées en fonction du niveau de production laitière

	Hautes Productrices	Moyennes Productrices	Total
Effectif inséminé	19	29	48
Effectif gestant	8	18	26
Taux de réussite de l'IA	42,1%	62%	54,16%

Le taux moyen de réussite de l'IA (54,16%) peut s'expliquer par l'âge des brebis puisque nous n'avons pas pris en considération ce facteur dans notre travail. En effet, la probabilité de réussite de l'insémination diminue avec l'âge de la femelle (Anel et al., 2006; Grimard et al., 2006; Nadarajah et al., 1988; Stalhammar et al., 1994). Cette tendance peut être liée à une diminution de la réponse des brebis à la synchronisation par production d'anticorps anti-PMSG résultante des synchronisations précédentes (Bodin et al., 1997), par la diminution de la qualité des gamètes femelles ou par un dérèglement de la phase lutéale en bovin (Garcia-Ispierto, 2007). L'intervalle de temps entre la mise bas précédente et l'insémination est également un facteur de variation important de la fertilité femelle dans différentes espèces car il correspond au temps nécessaire au repos de l'appareil génital femelle et à la reconstitution des réserves corporelles. Plus cet intervalle est long, plus la probabilité de réussite de l'insémination est élevée (Anel et al., 2006 ; Grimard et al., 2006). Les facteurs liés aux mâles reproducteurs peuvent aussi en être la cause.

Concernant la relation entre production laitière et reproduction, statistiquement et selon le test χ^2, nous n'avons pas noté de différence significative entre les niveaux de production laitière quant aux taux de réussite de l'insémination artificielle. L'utilisation d'un effectif réduit (48 brebis seulement) pourrait fausser nos conclusions.

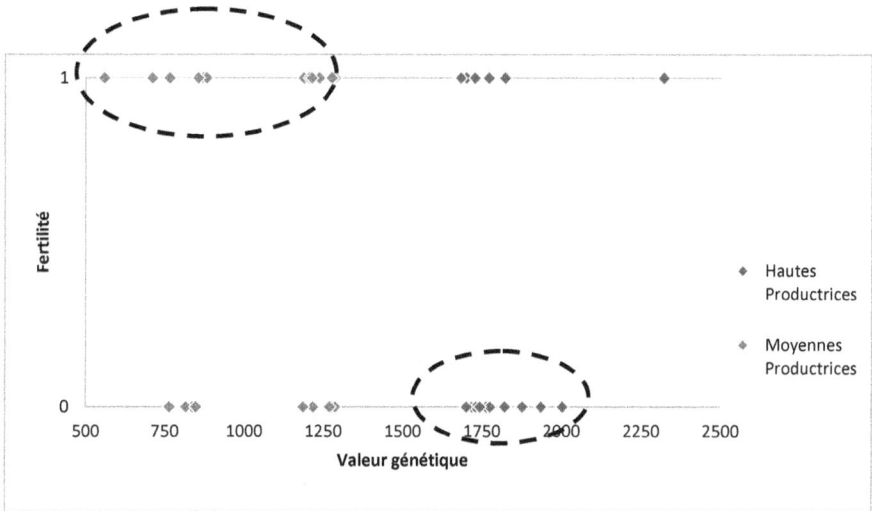

Figure 38 : Distribution des brebis en fonction de leurs valeurs génétiques.

Toutefois, biologiquement, les résultats ont montré que les brebis hautes productrices de lait ont un taux de fécondité plus faible (42,1%) par rapport aux autres brebis (62%), confirmant ainsi certaines études rapportées dans la littérature concernant l'effet négatif de la production laitière sur le taux de gestation (Darwash et *al.*, 1997; Vignier, 1999 ; Aeberhard et *al.*, 2001) et le taux de réussite de l'insémination artificielle (Boichard et *al.*, 2002). Ceci semble être lié à un déficit plus important de la balance énergétique, ce qui a des répercussions sur la sécrétion de LH (Opsomer et *al.*, 2000).

Conclusion

A la lumière des résultats obtenus dans cette étude sur les troupeaux ovins de race *Sicilo-Sarde*, on peut conclure que :

- La production laitière moyenne est de 63,56 l (± 37,2) pour une durée de traite de 135,4 j (± 22) soit une production laitière journalière de 0,454 l (± 0,235). Ces performances sont faibles comparativement à la race *Sarde* qui produit 243 l en lactation totale et 202 l de lait trait en 180 j. Ceci laisse espérer des performances meilleures par une sélection efficace associée à une conduite appropriée.

- Le taux de fertilité global moyen est de 63,14% (± 0,48). Ce taux est faible étant très loin de 100% et souligne l'importance du manque à gagner dans les troupeaux objet de cette étude.

- La moyenne de la taille de la portée globale est de 1,34 et ne cesse de diminuer d'une campagne agricole à une autre. Une étude spécifique qui s'adressera aux causes de cette chute s'avère indispensable.

Les interactions entre production laitière et reproduction existent, ne sont pas très prononcées, variables d'une campagne à une autre et n'affectent pas tous les paramètres reproductifs de la même manière. En effet, il a été remarqué :

- L'existence d'un antagonisme entre production laitière totale et fertilité surtout pour les campagnes 2007/2008 et 2008/2009 : la moyenne de la production laitière totale durant la campagne 2007/2008 pour les brebis vides de la campagne 2008/2009 est supérieure de +19,08 l par rapport à celles agnelant durant la même campagne, ce qui nous a permis de dire que les brebis qui n'ont pas mis bas au cours de la campagne i sont les hautes productrices de la campagne i-1. Toutefois cette relation varie d'une campagne à une autre.

- L'absence d'interaction significative entre production laitière et intervalle lutte–saillie, malgré l'apparition de quelques relations faiblement significatives entre les campagnes.

Expérimentalement, il est possible de penser que le taux de cyclicité au printemps (28,12%) est inversement proportionnel à la production laitière des brebis *Sicilo-Sarde* puisque 27,8% seulement des brebis hautes productrices ont été présumées cycliques contre 72,2% pour les brebis à potentiel de production laitière moyen. Concernant, la relation entre niveau de production laitière et taux de réussite de l'insémination artificielle, nous n'avons pas noté de différence significative. Toutefois, les brebis hautes productrices de lait ont un taux de fécondité plus faible (42,1%) par rapport aux brebis à niveau laitier moyen (62%) ce qui montre une tendance d'antagonisme entre production laitière et aptitude des brebis *Sicilo-Sarde* à être fécondées.

Enfin nous insistons que les résultats de cette étude sont originaux et devraient être appuyés par des études plus approfondies pour mettre en évidence les bases physiologiques des antagonismes entre les 2 fonctions de la production laitière et de la reproduction. Pour cela, les méthodologies qui ont été développées sur les bovins laitiers peuvent être adaptées et extrapolées au cas de la brebis laitière.

Références bibliographiques

Abassa, K.P., Pessinaba, J. et Adeshola-Ishola, A. 1992. Croissance pré-sevrage des agneaux Djallonké au Centre de Kolokopé (Togo). Rev. *Elev. Méd. Vé.t Pays Trop*. 45, 49-54.

Abdennebi, L. 1990. Analyse des performances zootechniques de 10 années d'élevage d'un troupeau prolifique de race Barbarine. Mémoire de Cycle de Spécialisation INA, Tunisie.

Abdennebi, L. et Khaldi, G. 1991. Etude de la productivité des brebis, de la croissance et de la mortalité des agneaux dans un troupeau prolifique de la race Barbarine. *Ann. INRAT*, 64 (16) 25p.

Aeberhard, K., Bruckmaier, R.M., Kuepfer, U. et Blum, J.W. 2001. Milk yield and composition, nutrition, body conformation traits, body condition scores, fertility and diseases in high-yielding dairy cows. *J. Vet. Med A*. 48, 97-110.

Andersen-Ranberg, I. M., Heringstad, B., Gianola, D., Chang, Y. M. et Klemetsdal, G. 2005b. Comparison between bivariate models for 56-day nonreturn and interval from calving to first insemination in *Norwegian. Red. J. Dairy. Sci*. 88, 2190-2198.

Anel, L., Alvarez, M., Martinez-Pastor, F., Garcia-Macias, V. et Anel, E. 2006. Improvement strategies in ovine artificial insemination. *Reprod. Dom. Ani*. 41, 30-42.

Atti, N. et Abdennebi, L. 1995. Etat corporel et performances de la race ovine Barbarine (Body condition and performances of the Barbarine ovine breed). *Cahiers Options Méditéranéennes*. 6, 75-80.

Atti, N. 1998. Effet du mode de conduite et âge au sevrage de l'agneau sur les performances de production de la race laitière Sicilo-Sarde. *Annale de l'INRAT*, 71.

Baelden, M., Astruc, J. M., Poivey, J. P., Robert-Granié, C. et Bodin, L. 2005. Study of the genetic relation between milk yield and litter size in dairy sheep. *Rencontres Recherches Ruminants*. 12, 153-156.

Barillet, F., 1985. Amélioration génétique de la composition du lait de brebis. L'exemple de la race Lacaune. Ph. D. Degree, Institut National Agronomique, Paris-Grignon, France.

Barillet, F., Elsen, J.M., Roussely, M., Belloc, J.P., Briois, M., Casu, S., Carta, R. et Poivey J.P., 1988. *3ème congrès mondial de reproduction et sélection des ovins et bovins à viande*, 469-490.

Barillet, F,1990. Les objectifs et les programmes d'amelioration genetique en brebis laitières. *Options Mediterranéennes*, N° 12, 39-48.

Barillet, F. 2007. Genetic improvement for dairy production in sheep and goats. *Small. Rumin. Res. 70*, 60–75.

Barill, G., Chemineau, P., Cognié, Y., Guerin, Y. et Leboeuf, B. 1993. *Manuel de formation pour l'insémination artificielle chez les ovins et les caprins*. FAO, Rome, Italy.

Barr, A.M. 1968. Preliminary studies on the oestrus cycle phenomena of Awassi ewes in Lebanon, *Magon. Publ. Ser. Sci.* 24, 1-1 2.

Barrell, G.K., Moenter, S.M., Caraty, A. et Karsch, F.J. 1992. Seasonal changes of gonadotrophin-releasing hormone secretion in the ewe. *Biol. Reprod.*46, 1130-1135.

Bélibasaki, S., Ploumi, K., et Triantaphyllidis, G. 1998. Some factors affecting daily milk yield and composition in a flock of Chios ewes. *Small. Rumin. Res.* 28, 89–92.

Bencini, R. et Pulina G., 1997. The quality of sheep milk. *Aust. J. Exp. Agric.* 37, 485–504.

Ben Hammouda, M. et Zitouni, K. 1988. Effet du milieu sur la quantité moyenne du lait par jour de traite en Race Sicilo-Sarde. *Revue de l'INAT*, I(3), p 83 – 90.

Ben Hammouda, M. et Djemali, M. 1991. Schéma d'amélioration génétique de la population ovine laitière en Tunisie. *Projet d'assistance technique aux UCPA. BNA/CEE, Projet SEM (01/212/20), Rapport de mission des consultants.*

Benyoucef, M.T. et Ayachi, A., 1991. Mesure de la production laitière de brebis Hamra durant les phases d'allaitement et de traite. *Ann. Zootech.* 40, 1-7.

Berger, Y. et Ginisty, L. 1980. Bilan de quatre années d'étude de la race ovine Djallonké en Côte d'Ivoire. Rev *Elev. Méd .Vét. Pays. Trop.* 3, 71-78.

Blanc, F., Bocquier, F., Agabriel, P., D'Hour, P. et Chilliard, Y. 2004. Amélioration de l'autonomie alimentaire des élevages de ruminants : Conséquences sur les fonctions de production et la longévité des femelles. *11ème Rencontres, Recherches, Ruminants*, Paris (France), 8-9 Décembre 2004, pp, 155-162.

Bocquier, F. 1985. Influence de la photopériode et de la température sur certains équilibres hormonaux et sur les performances zootechniques de la brebis en gestation et en lactation. Thèse doc ing sci agro, Ina-PG, 105 p.

Bocquier, F., Thériez, M., Kann, G. et Delouis, C. 1986. Influence de la photopériode sur la partition de l'énergie nette entre la production laitière et les réserves corporelles chez la brebis laitière. *Reprod. Nutr. Develop.* 26, 389-390.

Bocquier, F., Thériez, M., Prache, S. et Brelurut, A. 1988. Alimentation des ovins. In : *R. Jarrige (ed), Alimentation des bovins, ovins et caprins*, 249-279. INRA, Paris.

Bocquier, F., Kann, G. et Thériez, M. 1990. Relationships between secretory patterns of growth hormone, prolactine and body reserves and milk yield in dairy ewes under different photoperid and feeding conditions. *Anim. Prod.* 51, 115-125.

Bocquier, F. et Caja, G. 1993. Recent advances on nutrition and feeding of dairy sheep. *Hungarian Journal of Animal Production.* Dans: *Proc. Of 5th International Symposium on Machine Milking of Small Ruminants*, Budapest, 14-20 mai, pp. 580-607.

Bocquier, F., Thériez, M. et Robert, J.C. 1997. Effet de la supplémentation en méthionine et en lysine protégées sur les performances laitières des brebis allaitantes. Dans : *4ème Renc. Rech. Ruminants.* Décembre *97,* p 151.

Bocquier, F. et Caja, G. 1998. Effects of nutrition on ewe's milk quality. *Cooperative FAO-CIHEAM Network on sheep and goats, Nutrition Subnetwork*, Grignon, France, 3-5 September, 1-16.

Bocquier, F., Aurel, M.R., Barillet, F., Jacquin, M., Lagriffoul, G. et Marie, C. 1999. Effects of partialmilking during the suckling period on milk production of Laucane dairy ewes. Dans :*Milking and milk production of Dairy Sheep and Goats, Proc. Of the 6th International Symposium on the Milking of Small Ruminants*, Barillet, F. et Zervas, N.P. (éds), Athènes (Grèce), 26 septembre - 1 octobre 1998. EAAP Publication No. 95. Wageningen Pers, Wageningen, pp. 257-262.

Bocquier, F., Atti, N., Purroy, A. et Chilliard, Y. 2000. The role of the body reserves in the metabolic adaptation of different breeds of sheep to food shortage in the Mediterranean areas. In: *International Symposium on Livestock Production and Climatic Uncertainty in the Mediterranean.* Agadir (Maroc), 22-24 octobre 2000: 75-93.

Bodin, L., Drion, P.V., Remy, B., Brice, G. et Cognié, Y. 1997. Anti-PMSG antibody levels in sheep subjected annually to oestrus synchronisation. *Reprod. Nutr. Dev.* 37, 351-360.

Boichard, D., Barbat, A. et Briend, M. 1998. Evaluation génétique des caractères de fertilité femelle chez les bovins laitiers. *Renc. Rech. Ruminants.* 5, 103-106.

Boichard, D., Barbat, A. et Briend, M. 2002. Evaluation génétique des caractères de fertilité femelle chez les bovins laitiers. Pages 5–9 in : *Association pour l'étude de la reproduction animale, journée reproduction, génétique et performances*, Paris, France.

Boichard, D. 2003. Conditions of efficiency of marker-assisted selection - benefits and limits in sheep and goat. *Proceedings of the International Workshop on Major Genes and QTL in Sheep and Goat*, Toulouse, France, 8-11 december 2003, Communication n° 3-01.

Bougler, J., 1990. Confrontation internationale de races de brebis laitière méditerranéennes. *Options Méditerranéennes*, sér. A/n°12, 1990. Les petits ruminants et leurs productions laitières dans la région Méditerranéenne.

Boyazoglu, J.G. 1963. Aspects quantitatifs de la production laitière des brebis . Mise au point bibliographique. *Ann. Zootech.* 12, 237-296.

Butler, W. 2001. Nutritional effects on resumption of ovarian cyclicity and conception rate in postpartum dairy cows. *British Society of Animal Science* (Ocassional Publication). 26, 133-146.

Caja, G., Such, Torre X. et Casals, R. 1992. Necesidades nutrivas de ovegas lecheras de raza Manchega en los de cria y ordeno.*43a Reunion Annual de la Fedracion Europa de Zootecnia* (FEZ). Madrid, 13-17 Septembre 1992.

Caja, G. 1994. Electronic Identification in farm animals: *Final report.* FEOGA (III-DG VI) C.GE, Bruxelles.

Carta, A., Sanna, S.R. et Casu, S. 1995. Estimating lactation curves and seasonal effects for milk, fat and protein in Sarda dairy sheep with a test day model. *Livest. Prod. Sci.* 44, 37-44.

Castonguay, F. 2000. Techniques d'induction des chaleurs – L'éponge vaginale. *Guide de Production Ovine*, feuillet 5.50.

Casu, S., Carta, R. et Ruda, G. 1983. Morphologie de la mamelle et aptitude à la traite mécanique de la brebis Sarde. Dans : */I/ Simposium Internacional de Ordeio Mecánico de Pequeños Rumiantes*, Valladolid, Espagne, Sever-Cuestap, p. 592-602.

Ch'ang, T.S. et Rae, A.L. 1961. Sources of variation in the weaninig weight of Romney Marsh lambs. *N. Z. J. Agric. Res.* 4, 578.

Chauhan, F.S. et Waziri, M.A. 1991. Evaluation of rectal-abdominal palpation technique and hormonal diagnosis of pregnancy in small ruminant. *Indian. J .Anim. Reprod.* 12, 63-67.

Chebel, R.C., Santos, J.E.P., Reynolds, J.P., Cerri, R.L.A., Juchem, S.O. et Overton, M. 2004. Factors affecting cunception rate after artificial Insemination and pregnancy loss in lactating dairy cows. *Anim. Reprod. Sci.* 84, 239-255.

Chemineau, P., Malpaux, B., Delgadillo, J.A., Guérin, Y., Ravault, J.P., Thimonier, J. et Pelletier, J. 1992a. Control of sheep and goat reproduction : use of light and melatonin. *Anim. Reprod. Sci.* 30, 157-184.

Clément, V., Poivey, J.P., Faugere, O., Tillard, E., Lancelot, R., Gueye, A., Richard, D. et Bibe, B. 1997. Etude de la variabilité des caractères de reproduction chez les petits ruminants en milieu d'élevage traditionnel au Sénégal. *Revue Elev. Méd. Vét. Pays. Trop.* 50, 235-249.

Craplet, C. et Thibier, M. 1980. Le mouton. Edition Vigot. Pages: 160- 169, 266.

Cunningham, N.F., Symons, A.M. et Saba, N. 1975. Levels of progesterone, LH and FSH in the plasma of sheep during the oestrous cycle. *J. Reprod. Fertil.* 45, 177-180.

Cunnigham, G. 2002. *Textbook of veterinary physiology, 3rd ed., Philadelphia : WB SAUNDERS COMPAGNY*, 2002, 575p.

Darwash, A.O., Lamming, G.E. et Woolliams, J.A. 1997. The phenotypic association between the interval to post-partum ovulation measures of fertility in dairy cattle. *Anim. Sci.* 65, 9-16.

David, I., Robert-Granié, E., Manfredi, G., Lagriffoul, E. et Bodin, L. 2008. Environmental and genetic variation factors of artificial insemination success in *French dairy sheep Animal.* 2, 979– 986.

Debus, N., Blanc, F. et Bocquier, F. 2003. Effect of under-feeding on reproduction and plasma metabolites in the ewe: impact of FGA treatment. *54th annual meeting of the European Association for animal Production*, Rome, 31 août-3 sept.

De Fontaubert, Y. 1986. La maîtrise des cycles sexuels chez les bovins : le point en 1986. *BTIA.* 42, 5-12.

Delouis, C., Djiane, J., Houdebine, L.M. et Terqui, M. 1980. Relation between hormones and mammary gland function. *J. Dairy. Sci* .63, 1492-1513.

Dematawewa, C.M.B. et Berger, P.J. 1998. Genetic and phenotypic parameters for 305 day yield, fertility and survival in Holsteins. *J. Dairy. Sci.* 81, 2700–2709.

Derivaux, J. et Ectors, F. 1980. *Physiopathologie de la gestation et obstétrique vétérinaire.* Les Editions du Point Vétérinaire, Maisons-Alfort, France, 31-45.

Dias, EM. et Allaire, E.R. 1982. Dry period to maximize milk production over two consecutive lactations. *J. Dairy. Sci.* 65, 136-145.

Disenhaus, C., Kerbrat, S. et Philipot, J.M. 2002. La production laitière des 3 premières semaines est négativement associée avec la normalité de la cyclicité chez la vache laitière *Renc. Rech. Ruminants.* 9, 147-150.

Djemali, M., Ben M'sallem, I. et Bourawi, R. 1995. Effet du mois, mode et âge d'agnelage sur la production laitière des brebis Sicilo-Sarde en Tunisie. *Cahiers options méditerranéens,* vol 6, l'élevage ovin en zones arides et semi arides.

Djemali, M. 2003. *Journée de réflexion sur la race Sicilo-Sarde.* INAT, le 21 Juin 2003. Document d'information. p 27.

Drion, P.V., Ectors, F.J., Hanzen, C., Houtain, J.Y., Lonergan, P. et Beckers, J.F. 1996. Régulation de la croissance folliculaire et lutéale : Ovulation, corps jaune et lutéolyse ; *Point vétérinaire, numéro spécial « reproduction des ruminants »* 28, 49-56.

Ducrot, C., Grohn, Y.T., Humblot, P., Bugnard, F., Sulpice, P. et Gilbert, R.O. 1994. Postpartum anestrus in french beef cattle : an epidemiological study. *Theriogenology.* 42, 753-764.

Dyrmundsson, D.R. 1978. Studies on the breeding season of Icelandie ewes and ewes lambs. *J. agric. Sci. Camb.* 90, 275-281.

El Amiri, B., Karen, A., Cognié, Y., Sousa, N.M., Hornick, J.L., Sznci, O. et Beckers, J.F. 2003. Diagnostic et suivi de gestation chez la brebis : réalités et perspectives. INRA *Productions Animales.* 16, 79-90.

Eralp, M. 1963. Studies on the milk of Awassi sheep. In Turkish. Ankara Üniversitesi Ziraat Fakültesi Yayyinlari, N° 211. Ankara, Turkey.

Ettuhami, M.N. 1981. Sheep production and supply of feedstuffs. *Rapport of the workshop on the improved utilization of fed resources for sheep fattening in the near east.* Amman, Jordan, FAO, Rome.

Fall, A., Diop, M., Sanford, J. et Wissoc, Y.J. 1982. Evaluation of the production of Djallonke sheep and N'dama cattle at the Centre de Recherches Zootechniques de Kolda, Sénégal, Addis Abeba ILCA (*Reach rapport n°3*).

FAO, 2009. Organisation des Nations Unies pour l'Alimentation et l'Agriculture. La situation mondiale de l'alimentation et de l'agriculture. Rome.

Fernández, N., Arranz, J., Caja, G., Torres, A. et Gallego, L., 1983. Aptitud al ordeño mecánico de ovejas de raza Manchega: II. Producción de leche, reparto de fracciones y cinética de emisión de leche. *3rd Int. Symp. on Machine Milking of Small Ruminants.* Ed. Sever Cuesta, Valladolid, 667-686.

Filius, P., Weniger, J.H et Teuscher, T. 1986. Investigations on the performance of Djallonké sheep. *Anim. Res. Dev.* 24, 85-97.

Flamant, J.C. et Morand-Fehr, P. 1982. Milk production in sheep and goats. In: *World Animal Science, Cl. Sheep and Goat Production.* COOP (I.E.). Amsterdam: *Elsevier.* pp 275-295.

Fogarty, N.M, Hall, D.G, Dawe, S.T, Atkinson, W. et Allan, C. 1992. Management of highly fecund ewe types and their lambs for 8 monthly. *Aust. J. Exp. Agric. 32*, 421-428.

Fortun-Lamothe, L. et Bolet, G. 1995. Les effets de la lactation sur les performances de reproduction chez la lapine. *INRA Prod. Anim.* 8(1), 49-56.

Foster, D.L., Yellon, S.M. et Olster, D.H. 1985. Internal and external determinants of the timing of puberty in the female. *J. Reprod. Fert.* 75, 327-344.

Foxcroft, G. 1992. Nutritional and lactation regulation of fertility in cows. *J. Reprod. Fert. Supp.* 45, 113-125.

Fuertes, J.A., Gonzalo, C., Carriedo, J.A. et San Primitivo, F. 1998. Parameters of test day milk yield and milk components for dairy ewes. *J. Dairy. Sci.* 81, 1300-1307.

Gallego, L., Molina, M.P., Torres, A. et Caja, G. 1983. Evolución de la cantidad y composición de la leche de ovejas de raza Manchega desde el parto. *3rd Int. Symp. on Machine Milking of Small Ruminants.* Ed. Sever Cuesta, Valladolid, 285-297.

Gallego , L., Torres, A., Caja, G. (Eds.) 1994. *Flock sheep: Manghega breed* (in Spanish). Ediciones Mundi-Prensa.

Gallegos, J., Malpaux, B. et Thiéry, J.C. 1998. Control of pulsatile LH secretion during seasonal anoestrus in the ewe. *Reprod. Nutr. Dev.* 38, 3-15.

Garcia-Ispierto, I. 2007. Factors affecting the fertility of high producing dairy herds in northeastern Spain. *Theriogenology.* 67, 632-638.

Gargouri, A. 1992. Effets de diverses stratégies d'allaitement et de traite sur les performances des brebis laitières : Le cas de la race "Manchega" en conditions d'exploitation semi-intensive. Thèse de MSc, IAMZ.

Gonzalez-Recio, O., Alenda, R., Chang, Y. M., Weigel, K. et Gianola, D. 2006. Selection for female fertility using censored fertility traits and investigation of the relationship with milk production. *J. Dairy. Sci.* 89, 4438-4444.

Goodmann, R.L. 1988a. Neuroendocrine mechanisms mediating the photoperiodic control of reproductive function in sheep. Dans*: Proceedings in Life Science.* Chapitre 9, 179-202. Springer-Verlag. New-York, États-Unis.

Goodmann, R.L. 1988b. Neuroendocrine control of the ovine oestrus cycle. Dans: *The Physiology of Reproduction.* Chapitre 46, 1929-1968. Raven Press. New York, États-Unis.

Gootwine, E., et Pollott, G. E. 2000. Factors affecting milk production in improved Awassi dairy ewes. *Anim. Sci.* 71, 607–615.

Gootwine, E., et Pollott , G. E. 2004. Reproductive performance and milk production of Assaf sheep in an intensive management system. *J Dairy Sci.* 87, 3690–3703.

Grimard, B. et Humblot, P. 1996. Endocrinologie du post-partum et rétablissement de l'activité ovarienne chez la femelle bovine : influence du mode de production laitière. *Association pour l'étude de la reproduction animale*, Maisons-Alfort, 25 janvier 1996.

Grimard, B., Freret, S., Chevallier, A., Pinto, A., Ponsart, C. et Humblot, P. 2006. Genetic and environmental factors influencing first service conception rate and late embryonic/foetal mortality in low fertility dairy herds. *Anim. Reprod. Sci.* 91, 31–44.

Gunn, R. G., Doney, J. M., Smith, W. F. et Sim, D. A. 1986. Effects of age and its relationship with body size on reproductive performance in Scottish Blackface ewes. *Anim. Prod.* 43, 279-283.

Hadjipanayiotou, M., et Louca, A. 1976. The effects of partial suckling on the lactation performance of Chios sheep and Damascus goats and the growth rate of the lambs and kids. *J. Agric. Sci* (Camb.). 87, 15–20.

Hamadeh, S.K., Barbour, E.K., Abi Said, M. et Daadaa, K. 1996. Reproduction performance of post-partum Awassi ewes under different lambing regimes. *Small. Rum. Res.* 19, 149- 154.

Hamann, H., Horstick, A.,Wessels, A. et Distl, O. 2004. Estimation of genetic parameters for test day milk production, somatic cell score and litter size at birth in East Friesian ewes. *Livest. Prod. Sci.* 87, 153–160.

Hayder, M. 2006. Effet de la saison de mise bas et de l'alimentation sur les performances de la brebis de race Sicilo-Sarde. Projet de fin d'études. ESAMateur, 2006.

Hulet, C.V., Stellflug, J.N. et Knight, A.D. 1983. Effect of time of early weaning and time of lambing accelerated lambing in Polypay sheep. *Therio.* 20, 141-148.

Humblot, P. 1986. La mortalité embryonnaire chez les bovins. In : *Henry-Suchet J., Mintz M. et Spira A. (eds), Recherches récentes sur l'Epidémiologie de la Fertilité, Société Française pour l'Etude de la Fertilité,* 213-242. Masson, Paris.

Humblot, P. 2001. Use of pregnancy specific proteins and progesterone assays to monitor pregnancy and determine the timing, frequencies and sources of embryonic mortality in ruminants. *Theriogenology.* 56, 1417-1433.

ICAR guidelines (Barillet, F., Astruc, J.M., De Brauwer, P., Casu, S., Fabbri, G., Frangos, K., Gabiña, D., Gama, L.T., Ruiz Tena, J.L. et Sanna, S.) 1992. *International regulations for milk recording in dairy sheep.* ICAR, Roma, 15 pp. + appendix.

Jammes, H. et Djiane, J. 1988. Le développement de la glande mammaire et son contrôle hormonal dans l'espèce bovine. *INRA Production Animale* 1(5), 299-310.

Jardon, C., De Montigny, G., Andre, D., Corteel, J.M., Baril, G., Cognié, Y., Botero-Herrera, O. et Humblot, P. 1984. Les méthodes de diagnostic de gestation applicables aux ovins et aux caprins. *IXe Journées Rech. ovine et caprine, Inra-Itovic*, Paris, 452-473.

Kabandana, F. 1995. maîtrise des cycles sexuels chez les vaches allaitantes. Mémoire. Ecole Nationale Vétérinaire d'Alfort. 140p.

Kadarmideen, H.N., Thompson, R. et Simm, G. 2000. Linear and threshold model genetic parameters for disease, fertility and milk production in dairy cattle. *Anim. Sci.* 71, 411–419.

Kalkan, C., Cetin, H., Kayguzuzoglu, E., Yilmaz, B., Ciftci, M., Yidiz, H., Yidiz, A., Deveci, H., Apaydin, A.M. et Ocal, H. 1996. An investigation on plasma progesterone levels during pregnancy and parturition in the Ivesti sheep. *Acta. Vet. Hung.* 44, 335-340.

Kassem, R. 1998. Sheep production improvement and development in Syria. Pages 115-125 in: *Proceedings of the Symposium on the Development of Sheep and Goat Production in the Mid Eastern Arab Countries*, Amman, Jordan 15-17 1998. In Arabic. The Arab Center for the Studies of Arid Zones and Dry Lands. Livestock Studies Department, ACSAD, Damascus, Syria.

Kerbrat, S. et Disenhaus, C. 2004. A proposition for an updated behavioural characterisation of the oestrus period in dairy cows. *Appl. Anim. Behav. Sci.* 87, 223-238.

Kerfal, M. Chikhi, A. et Boulanouair, B. 2005. Performances de reproduction et de croissance de la race D'Man au Domaine Expérimental de l'INRA d'Errachidia au Maroc. *Rencontres de la Recherche sur les Ruminants.* 12, 206-207.

Khaldi, G. 1979. Influence du sexe de l'agneau et de l'age de la brebis sur la production laitière de la race Barbarine. *Ann. INRA.* Tunis, 52, 24 p.

Khaldi, G. et Farid, M., 1981. *Encyclopédie des productions animales dans le monde arabe.* La République Tunisienne. ACSAD : 214 p (Arabe).

Khaldi, G. 1983. Influence du niveau alimentaire en fin de gestation et pendant la lactation sur la production laitière des brebis et la croissance des agneaux de race Barbarine en saison sèche. *Ann INRAT* 3, 1-32.

Khaldi, G. 1984. Variations saisonnières de l'activité ovarienne, du comportement d'oestrus et de la durée de l'anoestrus post-partum chez les femelles ovines de race Barbarine : influence du niveau alimentaire et de la présence du mâle. Thèse de Doctorat d'Etat mention Sciences. Université des Sciences et Techniques du Languedoc, Académie de Montpellier, pp : 70.

Khaldi, G. 1987. Influence de l'âge au sevrage et du mode de naissance des agneaux sur la production laitière des brebis de race sicilo-sarde pendant les phases d'allaitement et de traite. *Annales de l'INRAT*; 60 : Fascicule 14 ; 16 p.

King, G.J. et Thatcher, W.W. 1993. Pregnancy. In : *King G.J., World animal science.* Vol B9: Reproduction in domesticated animals, Amsterdam : *ELSEVIER.* 229-266.

Knight, T.W., Dalton, D.C. et Hight, G.K., 1980. Changes in the median lambing dates and lambing pattern with variation in time of joining and breed of teasers. *New Zealand Journal of Agricultural Research. 23,* 281-285.

Kominakis, A., Rogdakis, E. et Koutsotolis, K. 1998. Genetic parameters for milk yield and litter size in Boutsiko dairy sheep. *Can. J. Anim. Sci.* 78, 525–532.

Labussière, J., Bennemederbel, B., Combaud, J.F., De La Chevalerie, F. 1983. Description des principaux parametres caracterisant la production laitiere, la morphologie mammaire et la cinetique d'émission du lait de la brebis Lacaune traite une ou deux fois par jour avec ou sans egouttage. pp 625-652 in : *Proc. 3th Int. Symp. on Machine milking of small ruminant,* Valladolid, Spain.

Labussière J., Marnet, P.G., Combaud, J.F., Beaufils, M., Chevalerie, F.A. 1993. Influence du nombre de corps jaune sur la libération d'ocytocine lutéale et le transfert du lait alvéolaire dans la citerne et la production laitière chez la brebis. *Reprod. Nutr. Dev.* 33, 383-393.

Labussière, J., Marnet, P.G., de la Chevalerie, F. A. et Combaud. J. F. 1996. Répétition de traitements progestatifs (FGA) et gonadostimulants (FSH et LH) pendant la phase descendante de la lactation de brebis Lacaune. Effets sur la production et la composition du lait et sur sa répartition alvéolaire et citernale. *Ann. Zootech.* 45, 159–172.

Lassoued, N. et Khaldi, G. 1995. Variations saisonnières de l'activité sexuelle des brebis de races Queue Fine de l'Ouest et Noire de Thibar. *Options Méditerr.* 6, 27-34.

Lassoued, N. et Rekik, M. 2004. *Rapport d'activité 2000-2003/ Composante « Amélioration de la productivité et de la qualité des productions ovines et caprines ».*

Lawlor, M. J., Louca, A. et Mavrogenis, A. 1974. The effect of the three suckling regimes on the lactation performance of *Cyprus* fat-tailed, Chios and Awassi sheep and the growth rate of the lambs. *Anim. Prod.* 18, 23-300.

Lecouteux, M. 2005. Anomalies de la reprise de cyclicité post-partum chez la vache laitière, facteurs de risque, effets sur les performances de reproduction. Thèse Méd. Vét., Nantes, 82p.

Legan, S.J. et Karsch, F.J. 1979. Neuroendocrine regulation of the estrous cycle and seasonal breeding in the ewe. *Biol. Reprod.* 20, 74-85.

Lewis, G. S. et Bolt, D.J. 1987. Effects of suckljng, progesterone-impregnated pessaries or hysterectomy on ovarian function in automn-lambii postpartum ewes. *J. Anim. Sci.* 64, 216.

Lidga, Ch., Gabriilidis, G., Papadopoulos, Th. et Georgoudis, A. 2000. Estimation of genetic parameters for production traits of Chios sheep using a multitrait animal model. *Livestock Production Science.* 66, 217-221.

Lindsay, D.R., Cognié, Y., Pelletier, J. et Signoret, J.P. 1975. Influence of the presence of rams on the timing of ovulation and discharge of LH in ewes. *Physiol. Behav.* 15, 423- 426.

Linzell, J.L. et Heap, R.B. 1968. A comparison of progesterone metabolism in the pregnant sheep and goat: source of production and an estimation of uptake by some target organs. *J. Endocrinol.* 41, 433-438.

Lishman, A.W., Stielau, W.J., Swart, C.E. et Botha, W.A. 1974. Nutrition of the ewe and the ovarian sensitivity to gonadotrophin. *Agroanimalia.* 6, 7-12.

Loeffler, S.H, de Vries, M.J., Schukken, Y.H., de Zeeuw, A.C., Dijkhuizen, F.M., de Graaf, F.M. et Brand, A. 1999a. Use of AI technician scores for body condition, uterine tone and uterine discharge in a model with disease and milk production parameters to predict pregnancy risk at first AI in Holstein dairy cows. *Theriogenology. 51*, 1267- 1284.

London, J.C., Weniger, J.H. et Schwartz, H.J. 1994. Investigation into traditionnaly managed Djallonké sheep production in humid and subhumid zones of Asante, Ghana. II. Reproductive events and prolificacy. *J. Anim. Breed. Genet.* 111, 432-450.

London, J.C. et Weniger, J.H. 1996b. Investigation into traditionnaly managed Djallonké-sheep production in humid and subhumid zones of Asante, Ghana. V. Productivity indices. *J. Anim. Breed. Genet.* 113, 483-492.

Louca, A. 1972. The effect of suckling regime on growth rate and lactation performance of the Cyprus fat-tailed and Chios sheep. *Anim. Prod.* 15, 53–59.

Mahouachi, M. 1999. Interaction entre la fonction reproductive et la nutrition chez les ovins. *Maîtrise de la reproduction et insémination artificielle des ovins.* Edit. Bahia.

Mandiki, S.N.M., Fossion, M. et Paquay, R. 1989. Daily variations in suckling intensity and lactation anestrus in Texel ewes. *Appl. Anim. Behav. Sci. 23 (3)*, 247–255.

Martin, G.B., Oldham, C.M. et Lindsay, D.R. 1980. Increased plasma LH levels in seasonally anovular Merino ewes following the introduction of rams. *Anim. Reprod. Sci*. 3, 125–132.

Martin, G.B., Milton, J.T.B., Davidson, R.H., Banchero Hunzicker, G.E., Lindsay, D.R., Blache, D. 2004. Natural methods for increasing reproductive efficiency in small ruminants. *Animal Reproduction Science*. 82-83, 231-246.

Mauléon, P. et Rougeot, G. 1962. Régulation des saisons sexuelles chez les brebis de races différentes au moyen de divers rythmes lumineux. *Ann. Biol. Anim. Bioc. Biophys. 2*, 209- 222.

Mauvais-Jarvis, P., Schaison, G. et Touraine, P. 1997. *Médecine de la reproduction. 3rd ed.,* Paris : Flammarion médecine-science, 644p.

Mavrogenis, A.P. 1988b. Control of the reproductive performance of Chios sheep and Damascus goats: studies using hormone radioimmunoassays. Pages 151-172 in: *Proceedings of the final research coordination meeting on optimizing grazing animal productivity in the Mediterranean and North African region with the aid of nuclear techniques,* FAO/IAEA, 23-27 March 1987, Rabat, Morocco.

Mavrogenis, A.P. et Papachristoforou, C. 2000. Genetic and phenotypic relationships between milk production and body weight in Chios sheep and Damascus goats. *Livestock Production Science*. 67, 81-87.

Mckusick, B.C., Thomas, D.L., Romero, J.E. et Marnet, P.G. 2002. Effect of weaning system on milk composition and distribution of milk fat within the udder of East Friesian dairy ewes. *J. Dairy. Sci*. 85, 2521-2528.

McNeilly, A.S. 1989. Suckling and the control of gonadotropin secretion. In: the *Physiology of Reproduction*.ed.Knobil, E and Neil, J. New York, 2323-2349.

Mediouni, S. 2008. Caractérisation de la relation entre la production laitière et la reproduction des brebis de race Sicilo-Sarde. Projet de fin d'études. Institut Superieur Agronomique de Chott Mariem.

Mendia, C., Ibanez, F. J., Torre, P. et Barcina, Y. 2000. Effect of pasteurization and use of a native culture on proteolysis in a ewe's milk cheese. *Food. Contr*. 11, 195–200.

Meyer, C., Toure, G., Tanoh, K. et Siriki, D. 1991. In : *IAEA sur l'Amélioration de la Productivité du Bétail Indigène Africain en utilisant les méthodes radioimmunologiques et apparentées, 3. Reunion de coordination* FAO. Bouaké : IDESSA, 8p. Bingerville, Côte d'Ivoire.

Mialot J.P. et Badinand, F. 1985. L'anoestrus chez les bovins, *Mieux Connaître, Comprendre et Maîtriser la Fécondité Bovine*, pp. 217–233 Société Française de Buiatrie Ed., Maisons-Alfort.

Mialot, J.P., Noel, F., Puyalto, C., Laumonier, G. et Sauveroche, B. 1998. Traitement de l'anoestrus post-partum chez la vache laitière par le CIDR-E ou la prostaglandine F2α. *Bull. Group. Tech. Vét.* 2, 29-38.

Ministère de l'Agriculture et des Ressources Hydrauliques, 2005. *Enquête sur les structures des exploitations agricoles en Tunisie (2004-2005).*

Moujahed, N., Kayouli, C., Damergi, C. et Jounaidi, A. 2004. Performances de la brebis Sicilo-Sarde et transformation fromagère dans le Nord de la Tunisie. *Symposium International « Cheese Art 2004 »*, Ragusa Sicile (Italie) 04 Juin 2004. Conférence scientifique: Développement des régions Méditerranéennes.

Moujahed, N., Jounaidi, A., Kayouli, C. et Damergi, C. 2008. Effects of management system on performances of the Sicilo-Sarde ewes farmed in northern Tunisia. Accepted in *Options Méditerranéennes*, under press.

Nadarajah, K., Burnside, E. B. et Schaeffer, L. R. 1988. Genetic parameters for fertility of dairy bulls. *J. Dairy. Sci.* 71, 2730-2734.

Newton, G.R., Schillo, K.K. et Edgerton, L.A. 1988. Effects of weaning and naloxone on luteinizing hormone secretion in postpartum ewes. *Biology of Reproduction.* 39, 532-535.

Notter, D. R. 2000. Potential for hair sheep in *the U.S. Proc. Amer. Soc. Anim. Sci.*

O'Callaghan, D., Donovan, A., Sunderland, S.J. et Boland, M.P. 1994. Effect of the presence of male and female flockmates on reproductive activity in ewes. *J. Reprod. Fertil.* 100, 497 – 503.

O'Callaghan, D., Lozano, J.M., Fahey, J., Gath, V., Snijders, S. et Boland, M.P. 2001. Relationships between nutrition and fertility in dairy cattle. *British Society of Animal Science*. Occasional Publication. 26, 147-160.

OEP, 2009. *Rapport annuel des activités de la Direction d'Amélioration Génétique.*

Opsomer, G., Grohn, Y.T., Hertl, J., Coryn, M., Deluyker, H. et De Kruif, A. 2000. Risk factors for post partum ovarian dysfunction in high producing dairy cows in belgium: a field study. *Theriogenology*. 53, 841-857.

Ortavant, R., Bocquier, F., Pelletier, J., Ravault, J. P., Thimonier, J. et Volland-Nail. P. 1988. Seasonality of reproduction in sheep and its control by photoperiod. *Aust. J. Biol. Sci.* 41, 69–85.

Othmane, M.H., de La Fuente, L.F., Carriedo, J.A. et San Primitivo, F. 2002d. Heritability and genetic correlations of test day milk yield and composition, individual laboratory cheese yield, and SCC for dairy ewes. *J. Dairy. Sci.*(in press).

Owen, J.B. 1976. The development of a prolific breed of sheep. *27th Annual Meeting E.A.A.P.*, Zurich, 23-26 août.

Pearce, G.P. et Oldham, C.M. 1988. Importance of non-olfactory ram stimuli in mediating ram-induced ovulation in the ewe. *J. Reprod. Fertil.* 84, 333-339.

Peters, R.R., Chapin, L.T., Leining, K.B., Tucker, H.A. 1978. Supplemental lighting stimulates growth and lactation in cattle. *Science*. 199, 911-912.

Peters, R.R., Chapin, L.T., Emery, R.S., Tucker, H.A. 1981. Milk yield, feed intake, prolactin, growth hormone and glucocorticoid response of cows to supplemented light. *J. Dairy. Sci.* 64, 1671- 1678.

Petit, M., Chupin, D. et Pelot, J. 1977. Analyse de l'activité ovarienne des femelles bovines. In: *Physiopathologie de la reproduction*. Journées ITEB-UNCEIA. ITEB, Paris, France, 21-28. In: *Mialot J P, Ponsart C, Ponter A A et Grimard B L'anœstrus post-partum chez les bovins, Thérapeutique raisonnée*. Journées Nationales des *GTV*, Tours, Société Nationale des Groupements Techniques Vétérinaires. 71-77.

Pinto, A., Bouca, P., Chevallier, A., Freret, S., Grimard, B. et Humblot, P. 2000. Source de variation de la fertilité et des fréquences de mortalité embryonnaire chez la vache laitière. *Renc. Rech. Ruminants.* 7, 213-215.

Poindron, P., Cognié, Y., Gayerie, F., Orgeur, P., Oldham, C.M. et Ravault, J.P. 1980. Changes in gonadotrophins and prolactin levels in isolated (seasonally or lactationally) anovular ewes associated with ovulation caused by introduction of rams. *Physiology and Behavior.* 25, 227-236.

Poivey, J.P., Landais, E. et Berger, Y. 1982. Etude et amélioration génétique de la croissance des Djallonké. Résultats obtenus au Centre de Recherches Zootechniques de Bouaké (Côte-d'Ivoire). *Rev. Elev. Méd. Vét. Pays. Trop.* 35, 421-433.

Ponsart, C., Dubois, P., Charbonnier, G., Leger, T., Freret, S. et Humblot, P. 2007. Evolution de l'état corporel entre 0 et 120 jours de lactation et reproduction des vaches laitières hautes Productrices. Journées nationales GTV, Nantes, 347-355.

Pope, W.F., McClure, K.E., Hogue, D.E. et Day, M.L. 1989. Effect of season and lactation on postpartum fertility of Polypay, Dorset, St Croix and Targhee ewes. *Journal of Animal Science.* 67, 1167—1174.

Portolano, B., Spatafora, F., Bono, G., Margiotta, S., Todaro, M., Ortoleva, V. et Leto, G. 1996. Application of the Wood model to lactation curves of Comisana sheep. *Small Ruminant Research.* 24, 7–13.

Prud'hon, M., Denoy, I., Dauzier, L., Desvignes, A. 1966. Etude des résultats de six années d'élevage des brebis Mérinos d'Arles du Domaine du Merle. I. Le contrôle des ruts et sa validité. *Ann. Zootech.* 15, 123-133.

Prud'hon, M., Denoy, l., Desvignes, A. et Goussopoulos, J. 1968. Etude des résultats de six années d'élevage des brebis Mérinos d'Arles du domaine de Merle. II. Relation entre l'âge, le poids, l'époque de lutte des brebis et les divers paramètres de fécondité. *Ann. Zootech.* 17, 31-45.

Prud'hon, M. et Denoy, I. 1969. Effets de l'introduction de béliers vasectomisés dans un troupeau Mérinos d'Arles 15 jours avant la lutte de printemps sur l'apparition des oestrus, la fréquence des erreurs de détection des ruts et la fertilité des brebis. *Ann. Zootech.* 18, 95-106.

Quirke, J.F., Stabenfeldt, G.H. et Bradford, G.E. 1988. Year and season effects on oestrus and ovarian activity in ewes of different breeds and crosses. *Anim. Reprod. Sci.* 16, 39-52.

Ranilla, M.J., Sulon, J., Carro, M.D., Mantecon, A.R. et Beckers, J.F. 1994. Plasmatic profiles of pregnancy– associated glycoprotein and progesterone levels during gestation in Churra and Merino sheep. *Theriogenology.* 42, 537-545.

Rattray, P.V. 1977. Nutrition and reproductive efficiency. Dans : *Reproduction in domestic animals.* (3''' ed.). Cole, H.H. et Cupps, P.T. (eds). Academic Press, New York, San Francisco, London, pp. 553-575.

Rekik, M., Aloulou, R. et Ben Hammouda, M. 2005. Small Ruminant Breeds of Tunisia in: *Characterization of Small Ruminant Breeds in West Asia and North Africa,* Volume 2: North Africa. Editor Luis Iñiguez (ICARDA): pp 91-140.

Restall, B.J. 1971. The effect of lamb removal on reproductive activity in Dorset-Horn x Merino ewes after lambing. *J. Reprod. Fert.* 24, 145-146 (abstr.).

Rouissi, H., Ben Souissi, N., Dridi, S., Chaieb, K., Tlili, S. et Ridene, J. 2001. Performances zootechniques de la race ovine Sicilo-Sarde. *Options méditerranéennes* série A, 46, 231-236. Ressources.

Rouissi, H., Atti, N. et Mahouachi, M. 2004. The effect of dietary crude protein level on growth, carcass and meat composition of male goat kids in Tunisia. *Small Ruminant Research.* 54, 89-97.

Rouissi, H., Kammoun, M., Rekik, B., Tayachi, L., Hammami, S., et Hammami, M. 2006. Etude de la qualité du lait des ovins laitiers en Tunisie. *2ème Séminaire du Réseau Méditerranéen Elevage,* Saragosse, 18- 20 Mai.

Rouissi, H., Rekik, B., Selmi, H., Hammami, M. et Ben Gara, A. 2008. Performances laitières de la brebis Sicilo-Sarde Tunisienne complémentée par un concentré local. *Livestock Research for Rural Development,* Volume 20, No 7, July 2008.

Roux, M. 1986. Alimentation et conduite d'un troupeau ovin. *Techniques Agricoles.* Tome II.

Royal, M.D., Woolliams, J.A., Webb, R. et Flint, A.P.F. 2000c. Estimation of genetic variation in the interval from parturition to commencement of luteal activity in Holstein – Friesian dairy cows. *Proceedings of the Journal of Reproduction and Fertility*. Series 25, Abstract 74.

Ryan, D.P., Snijders, S., Yaakub, H. et O'farrell, K.J. 1995. An evaluation of estrus synchronization programs in reproductive management of dairy herds. *J. Anim. Sci.* 73, 3687-3695.

Saadoun, L., Romdhani, S.B, Darej, C. et Djemali, M. 2004. Performance recording of animals: state of the art 2004. *Proceedings of the 34th Biennial Session of ICAR*, Sousse, Tunisia, 28th May-3rd June 2004.

Sangha, G.K., Sharma, R.K., Guraya, S.S. 2002. Biology of CL in small ruminants. *Small ruminant research*. Vol. 43, issue I, 53-64.

Santos, J.E.P., Thatcher, W.W., Chebel, R.C., Cerri, R.L.A. et Galvao, K.N. 2004. The effect of embryonic death rates in cattle on the efficacy of estrus synchronization programs. *Anim. Reprod. Sci.* 82-83, 513-535.

SAS, 2005. SAS Institute Inc., SAS/STAT Software. Version 9.1.

Schirar, A., Cognie, Y., Louault, F., Poulin, N., Levasseur, M.C. et Martinet, J. 1989. Resumption of estrous expression and cyclic ovarian activity in suckling and non-suckling ewes. *J. Reprod .Fert*. 81, 789-794.

Shemesh, M., Ayalon, N. et Mazor, T. 1979. Early pregnancy diagnosis in the ewe, based on milk progesterone levels. *J. Reprod. Fertil*. 56, 301-304.

Signoret, J.P. 1990. *In Reproductive Physiology of Merino sheep. Concepts and Consequences, Oldham, CM, Martin, GB, Purvis, IW. Eds, School of Agriculture, The University of Western Australia*, Nedlands, Perth. 59-70.

Smith, I.D. 1966. Oestrus activity in Merino ewes in Western Queesland. *Proc. Aust. Soc. Anim. Prod.* 6, 69-79.

Stalhammar, E.M., Janson, L. et Philipsson J. 1994. Genetic studies on fertility in AI bulls. II. environmental and genetic effects on non-return rates of young bulls. *Anim. Reprod. Sci.* 34, 193-207.

Swanson, L.V., Hafs, H.D. et Morow, D.A 1972. Ovarian characteristics and serum LH, prolactin, progesterone and glucorticoid from first estrus to breeding size in Holstein heifers. *J. Anim. Sci.* 34, 284-293.

Terqui, M., Delouis, C. et Ortavant, R. 1983. Photoperiodism, hormones in sheep and goats. *Curr. Top. Vet. Med. Anim. Sci.* 26, 246-257.

Tervit, H.R., Havik, P. et Smith, J.F. 1977. Effect of breed of ram on the onset of the breeding season in Romney ewes. *Proceedings of the New Zealand Society of Animal Production.* 37, 142-148.

Thériez, M., Grenet, N. et Molénat, G. 1971. Le tourteau de colza dans l'alimentation animale. IV. Etude comparée de l'appétibilité et de la valeur alimentaire des tourteaux de colza et de lin pour l'agneau à l'engraissement et la brebis gestante ; effets sur la glande thyroïde. *Ann. Zootech.* 20, 451-463.

Thériez, M. 1982. Alimentation et reproduction de la brebis. *Bulletin Technique Insémination Artificielle.* 23, 22-26.

Thériez, M. 1984. Influence de l'alimentation sur les performances de reproduction des ovins, in: *9es Journées Rech. Ovins Capr., INRAITOVIC.* Pp, 294–326.

Thibault, C. et Levasseur, M.C. 2001. *La reproduction chez lez Mammifères et l'Homme.* Nouvelle édition, Paris : *ELLIPSES*, 928p.

Thibier, M., Humblot, P., Ghozlane, F. et Attonaty, J.M. 1982. Programme d'action vétérinaire intégrée de reproduction et micro-informatique. *Proc. XIIth World Congress on Diseases of Cattle*, Amsterdam, 7-10 Sept., 1, 702-706.

Thimonier, J. et Mauléon, P. 1969. Variations saisonnières du comportement d'oestrus et des activités ovarienne et hypophysaires chez les ovins. *Annales de Biologie Animale, Biochimie, Biophysique.* 9, 233-250.

Thimonnier, J. 2000. Détermination de l'état physiologique des femelles par analyse des niveaux de progestérone. *INRA Prod. Anim.*, 13, 177-183.

Thimonnier, J., Cognié, Y., Lassoued, N. et Khaldi, G. 2000. L'effet mâle chez les ovins : une technique actuelle de maîtrise de la reproduction. *INRA Prod. Anim.*, sous presse.

Thomson, E.F. et Bahady, F.A. 1988. A note on the effect of live weight at mating on fertility of Awassi ewes in semi-arid northwest Syria. *Anim. Prod.* 47, 505- 508.

Treacher, T.T. 1970. Effects of nutrition in late pregnancy on subsequent milk production in ewes. *Anim. Prod.* 12, 23-36.

Treacher, T.T. 1983. Nutrient requirements for lactation in the ewe. In: *Haresign, W. (ed) Sheep Production.* pp 133-153. Butterworths, London.

Treacher, T.T. 1989. Nutrition of the dairy ewe. In: *W.J. Boyland (ed), North American Dairy Sheep Symposium*, 45-55. University of Minnesota, St Paul.

Vignier, C.H. 1999. Contribution à l'étude de l'infertilité à chaleurs normales des vaches laitières. Thèse Méd. Vét., Alfort, 83 pages.

Wall, E., Brotherstone, S., Woolliams, J.A., Banos, G. et Coffey, M.P. 2003. Genetic evaluation of fertility using direct and correlated traits. *J. Dairy. Sci.* 86, 4093–4102.

Yapi-Gnaoré, C.V., Oya, A., Rege, J.E.O. et Dagnogo, B. 1997a. Analysis of an open nucleus breeding programme for Djallonke sheep in the Ivoiry Coast. 1. Examination of non-genetics factors. *Anim. Sci.* 64, 291-300.

www.ingramcontent.com/pod-product-compliance
Lightning Source LLC
Chambersburg PA
CBHW021102210326
41598CB00016B/1296